图解装修建材应用与选购

TUJIE ZHUANGXIU JIANCAI YINGYONG YU XUANGOU

祝 彬·编著

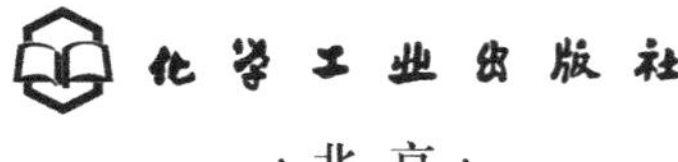

·北京·

本书汇集了家庭装修的常用材料，以装修流程为分章依据，全书分成了装修材料概述、水电材料、泥瓦材料、木工材料、油漆材料和软装材料五个部分，所有内容围绕材料的实际运用展开，介绍了每种材料的分类、特点、应用、选购及安装施工与验收，并在每章最后，专门对每个工序中读者比较容易困惑的问题进行了解析。为了便于读者直观地理解，全书内容尽量以图示的形式来说明以上各种问题，并将文字的编写简单化、口语化，通过一个个简单易懂的知识点，组合成每阶段的所有内容，从而让繁杂的装修材料知识变得清晰、具体，让读者可以更好地掌握装修材料的运用技能。

图书在版编目（CIP）数据

图解装修建材应用与选购 / 祝彬编著．—北京：化学工业出版社，2018.11（2022.2 重印）

ISBN 978-7-122-32956-1

Ⅰ．①图… Ⅱ．①祝… Ⅲ．①住宅－室内装修－装修材料－图解 Ⅳ．①TU56-62

中国版本图书馆 CIP 数据核字（2018）第 201223 号

责任编辑：彭明兰　邹　宁　　装帧设计：韩　飞

出版发行：化学工业出版社(北京市东城区青年湖南街13号　邮政编码100011)

印　　装：涿州市般润文化传播有限公司

710mm×1000mm　1/16　印张14½　字数280千字　2022年2月北京第1版第5次印刷

购书咨询：010-64518888　　售后服务：010-64518899

网　　址：http://www.cip.com.cn

凡购买本书，如有缺损质量问题，本社销售中心负责调换。

定　　价：68.00元

前言
Preface

装修建材是室内设计的一个重要构成因素，从装修的准备阶段开始，到水电改造、泥瓦工程、木工、油漆工以及后期装饰，均离不开建材。但装修建材种类繁多，无论是设计师还是准备装修的业主面对装修建材的选择都难免会感到迷茫。为了避免走弯路，经验就变得非常重要，实践而来的经验需要大量的工程基础，不仅耗费时间，且对部分初入行的读者来说也不切实际，所以从实用的、简练的编写角度出发，针对性较强的装修材料书籍不失为一种好的选择。市面上的材料书籍很多，但又实用阅读起来又让人觉得很轻松的却非常少。

本书汇集了家庭装修的常用材料，打破常规，以装修流程为分章依据，将材料的选择与施工相结合，从施工准备期到基础的水电改造，进行至后期的瓦工、木工、油工等，使读者的思路更清晰。每一节均对建材的种类、应用、选购、保养等知识进行全面的讲解，让读者可以迅速地掌握装修材料方面的实用性知识，免去了大海捞针的苦恼，使实践的过程有据可依，无论是初级设计人员还是业主均能迅速地、轻松地将装修材料知识融会贯通。希望本书可以帮助专业和非专业的读者，更好地理解和掌握室内装修中的建材选用。

参与本书编写的有：祝彬、徐武、安平、陈建华、陈宏、蔡志宏、邓毅丰、邓丽娜、黄肖、黄华、何志勇、郝鹏、李卫、林艳云、李广、李锋、李保华、刘团团、李小丽、李四磊、刘杰、刘彦萍、刘伟、刘全、梁越、马元、孙银。

目录

Contents

第五章 油漆工材料 180

第一章 室内装修建材的特点

第一节 〉室内装修建材的特点

1. 装修建材的功能

在室内装修中，建材主要起到美化空间环境、保护和改善建筑使用功能的作用。可以将室内空间总体分成三个大的界面，装饰材料分别对它们起到不同的作用。

装修建材的功能

界面名称		材料作用
顶面		○ 满足顶面装饰的美观性 ○ 保护楼板结构，避免其出现开裂、受损等问题
墙面		○ 让环境更美观、舒适，能起到保护墙体以及墙体内的隐蔽工程的作用 ○ 部分空间中还能加强建筑的隔音、保温、防火、防水等功能
地面		○ 可美化地面环境，增加地面使用的舒适性 ○ 保护楼板的硬度、强度，避免其受到脏污、水汽等物质的腐蚀

2. 装修建材的发展趋势

随着科技的不断进步，装修建材的发展也非常迅速，掌握它的发展趋势，才能走在潮流前沿，设计出更好的作品。

近年来的装饰建材发展趋势，体现为以下四个方面。

（1）强度的提高

越来越多的建材开始在普通材料中加入高强度的纤维或聚合物，以提高材料的强度并减轻其重量，如铝合金型材、铝合金扣板、人造石等。

铝合金门窗

铝合金扣板吊顶

人造石台面

（2）尺寸的增大

装修建材的尺寸不断地增大，如地砖以前多为 300mm×300mm 的规格，现在则多为 600mm×600mm 或 800mm×800mm 的规格等，壁布也出现了无缝款式。

大尺寸地砖

大尺寸墙砖

无缝墙布

（3）环保性能的提高

越来越多的新型材料都从环保角度来进行研发，如近年来大热的硅藻泥、灰泥涂料、编织壁纸等。

硅藻泥

编织墙纸

灰泥涂料

（4）集成式加工

越来越多的家具采用了定制样式，由工厂完成生产加工的方式，后期仅需组装，不仅减少了装修过程中的环境污染，还提升了加工的精度。

集成式书柜

集成式玄关柜

集成式门

3. 装修建材的种类

室内装修建材的种类繁多，按照建材的不同质感可分为石材、木料、玻璃、陶瓷、纺织品等；按照功能可分为防火、防水、吸音、保温等；按照使用部位可分为顶面建材、墙面建材、地面建材等。

但从整体角度来说，所有的建材均可分为主材和辅料两大类。主材指使用量较大的地砖、乳胶漆等；主材以外的所有材料均可看做辅料，如钉子、水电管线等。

装修建材的常见种类

名称		主要材料	提供方
主材		○ 石材、瓷砖、乳胶漆、木器漆、涂料、地板、集成或定制的背景墙、集成吊顶材料、壁纸、壁布、整体橱柜、定制式衣柜、定制门、洁具和卫浴设备等	○ 通常由业主提供
辅料		○ 水电材料、木质板材、红砖、石膏板、钉子、胶黏剂、水泥、白水泥、沙子、腻子粉、石膏粉、线条等	○ 通常由施工方提供

即使按照主材和辅料分类后，装修建材的类别仍会让人感到有些混乱，我们可以进一步地按照施工顺序进行捋顺，这样对材料的应用就会有一个更加清晰的思路。室内装修的总体步骤可分为：水电改造、泥瓦工、木工、油漆工、定制品安装和后期软装等，每一步需要的材料如下。

（1）第一步——水电改造

水电改造常用建材包括电线及套管、底盒、开关插座、漏电保护器、照明光源、灯具；给水管及配件、排水管及配件、卫浴洁具等。

电线

底盒

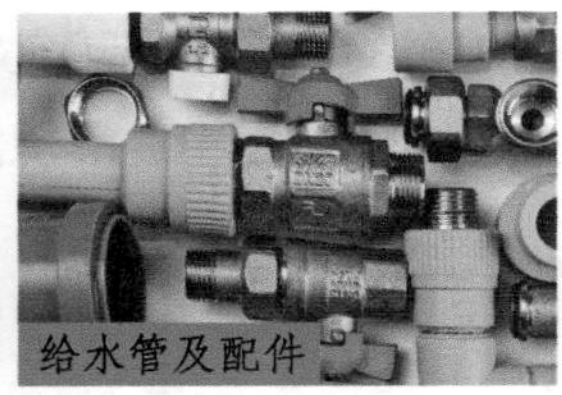
给水管及配件

（2）第二步——泥瓦工

泥瓦工常用建材有水泥、沙子、砖、钉子、腻子粉、胶黏剂、陶瓷砖、石材、踢脚线等。

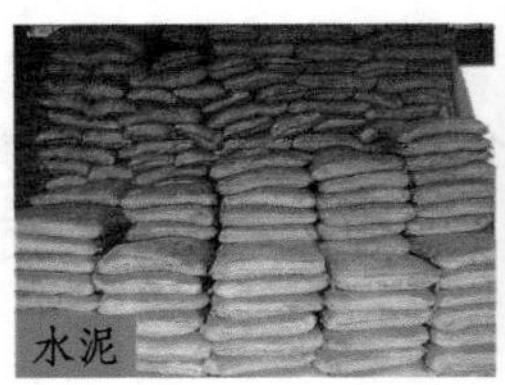
水泥

砖

陶瓷砖

（3）第三步——木工

木工常用建材包括石膏板、铝扣板、龙骨、玻璃、板材、门吸等五金材料、各种线条、地板、地毯、门窗、橱柜材料等。

石膏板

板材

五金

（4）第四步——油漆工

油漆工常用建材包括乳胶漆、木器漆、涂料、壁纸（壁布）等。

乳胶漆

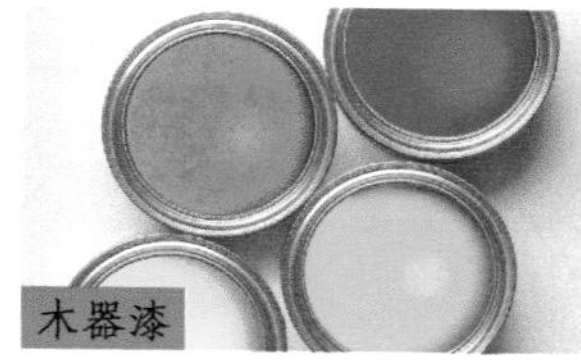
木器漆

墙纸

（5）第五步——定制品安装

常用的定制建材包括定制门扇、家具、集成吊顶等。

门扇

家具

集成吊顶

（6）第六步——后期软装

后期软装常用建材种类包括窗帘布艺、地毯、工艺品、装饰画、绿植花艺等。

窗帘布艺

地毯

装饰画

第二节 装修前期准备工作

1. 设计方案的确定

室内装修不能胡乱拼凑，而应在开始前有一个整体的指导，这个指导就是设计方案，它包括所用材料的类型、色彩、造型等元素的确定，而这些元素均包括在装修风格中，每一种风格的代表性元素是不同的。

主流室内装饰风格至少有十几种，目前国内较为常用的有中式风格、简约风格、现代风格、北欧风格、欧式风格、美式风格、地中海风格、田园风格、东南亚风格以及工业风格等。

建议结合预算、居室面积和喜好来确定装修风格，可以借鉴好的设计，也可将两种风格进行混搭，但应注意整体的协调感，不可随意拼凑。

中式风格

简约风格

现代风格

北欧风格

欧式风格

美式风格

地中海风格

田园风格

东南亚风格

工业风格

2. 设计方案的内容

设计方案是装修的依据，应包括效果图和CAD施工图。

（1）效果图

效果图有电脑和手绘两种类型。电脑效果图为电脑制作，还原程度较高，但花费的时间较长；手绘效果图比较快速，但还原度低。

◀ 电脑效果图

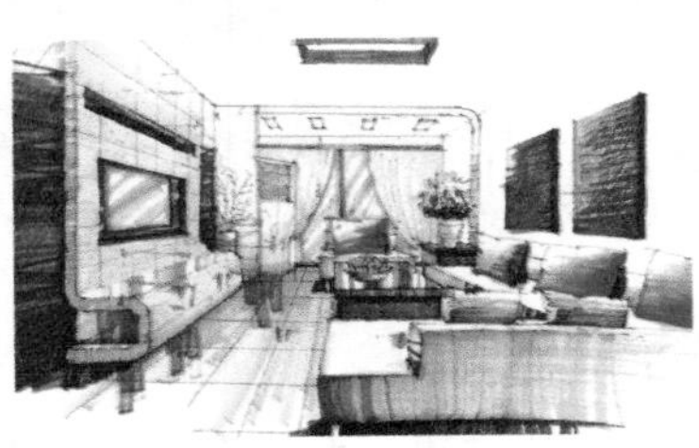
◀ 手绘效果图

（2）CAD 施工图

CAD 施工图的种类较多，其上可以反映出装修材料的种类、各部分造型的尺寸、水管路线、强电插座开关以及弱电插座的布置等。应包括有平面布置图、顶面设计图、发生设计的各空间的立面图、节点大样图、水电路图纸等，它们是预算产生的依据。

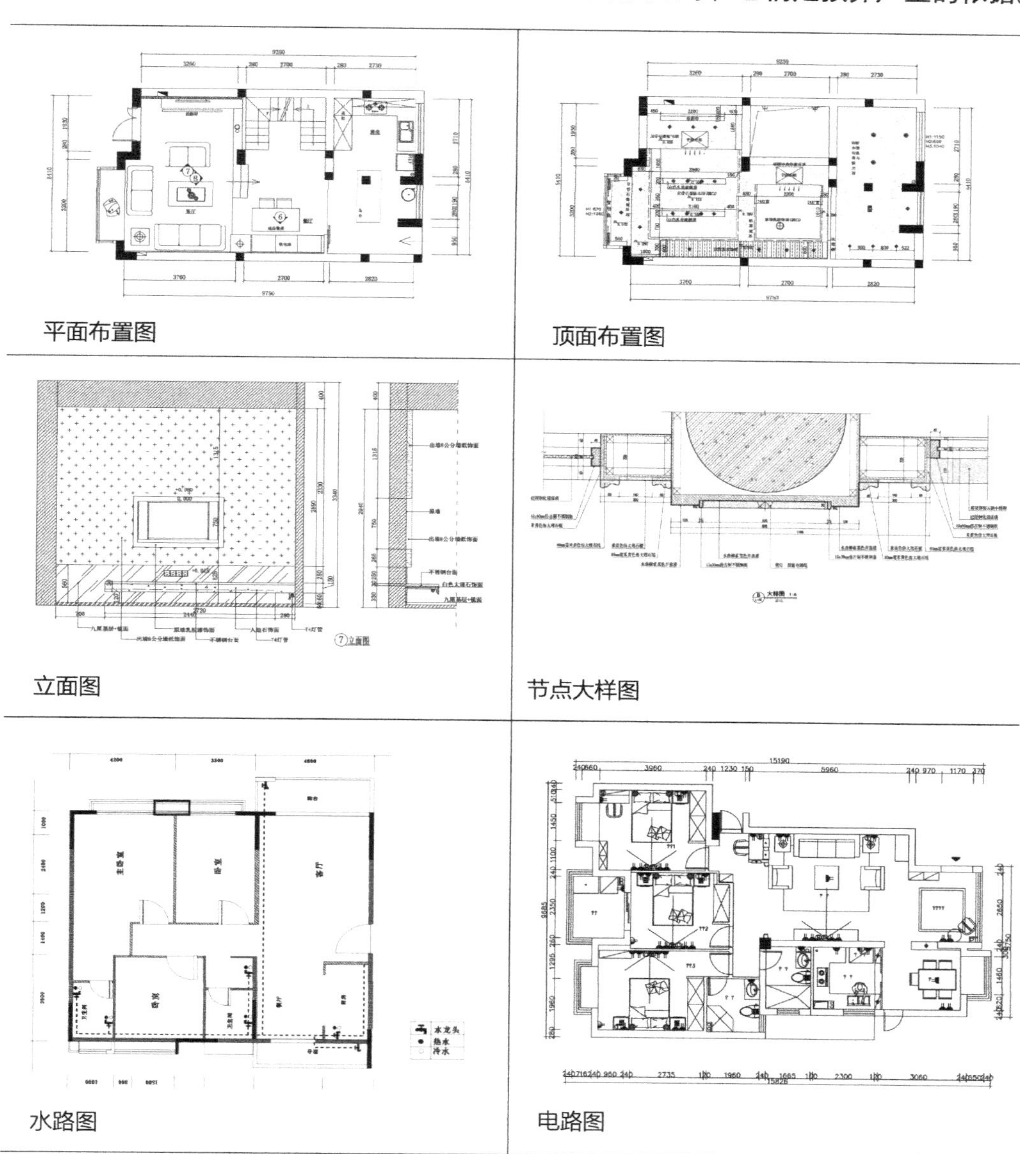

平面布置图　顶面布置图

立面图　节点大样图

水路图　电路图

3. 装修承包方式及优劣

目前较为常见的装修承包方式有清包、半包、全包和套餐四种。

包工方式	优点	缺点	适合人群
清包	○ 业主自己购买材料，施工由施工队或装饰公司完成，对材料的质量可完全掌控	○ 需花费大量时间了解行情、选购材料，并耗费精力进行监工	○ 有一定装修经验且有大量时间的业主
半包	○ 由业主购买价值高的主材，施工方负责购买价值低的辅料 ○ 业主可掌控主要材料的质量	○ 需花费一些时间来选购材料，并耗费大量精力来进行监工，以避免对方以次料“偷梁换柱”	○ 对材料选购较有经验且较有时间的业主
全包	○ 完全由施工方包工包料，业主只需选购后期软装和家电 ○ 一旦出现问题施工方无法推脱责任，对方负全责	○ 业主对材料质量的掌控力较弱 ○ 建议选择口碑较好或有足够信任力的施工方	○ 工作繁忙没有时间购料和监工的业主
套餐	○ 施工方将材料部分及施工涵盖在一起报价，以xx元/m2的方式报价，总价为单价 × 建筑面积	○ 个性化方面较欠缺，可选择品牌和款式较少 ○ 施工过程中施工方多以追加项目的方式来增加款项，易引起纠纷	○ 对选材无经验、没有大量时间且对个性化要求不高的业主

4. 装修预算的控制方法

（1）预算的构成

预算表的组成主要有主材费、辅料费、管理费、税金和利润，其中主材费和辅料费中包含了人工费，占据预算表的主要份额，也是在制定预算时需重点对待的部分。

管理费一般情况都是按照工程直接费的比例来收取的，管理费的比例取决于管理者的身份，好的管理者费用虽然比较高，但可以保证质量。

Tips 关于“免费设计”

目前行业中有一个很不好的现象，就是提供所谓的“免费设计”。一旦设计工作变成免费设计，不仅伤害了设计本身，降低了设计师的档次，同时设计师为了保证利益必然会降低设计水平或采取材料提成等其他方式来获取利益。为了避免这种情况越演越烈，在面对消费者时应尽量将“免费设计”的缺点阐述清楚，通过正常渠道保证自己应获得的利益，并在工作中充分调动积极性，使设计作品完美呈现给业主，证明设计费用的价值，以促进行业发展。

（2）正规报价单的内容

有的装饰公司会把详细的施工方式和备注一栏分开罗列，而有的都会体现在备注栏中，这两种均可。

正规版报价单举例：

工程名称	单位	单价	数量	金额	工艺做法	备注
一、主卧室						
墙、顶面基层处理	m^2	16	60	960	○ 原墙皮铲除，石膏找平，刮两边腻子，砂纸打磨	○ ** 牌 821 腻子，产地：山东 / 青岛 ○ 环保型 801 胶，产地：山东 / 青岛
墙、顶面乳胶漆涂刷	m^2	10	60	360	○ 乳胶漆底漆两遍，面漆三遍，达到厂家要求标准	○ ** 牌家丽安乳胶漆，产地：中国 / 广州
石膏线安装及油漆	m	5	9	45	○ 刷胶一遍，快粘粉粘接 ○ 面层处理，乳胶漆另计	○ 成品石膏线
门及门套	樘	1500	1	1500	○ 安装门、门套及门锁	○ 成品 ** 牌门及门套 ○ ** 牌门锁

特别注意事项

① 单位：需要明确，如木工柜是按照平方米还是按照项来收费，应在预算表内标注清楚，使业主一目了然。

② 数量：如铺砖和铺地板类的工程，应增加 5% 左右的报废率。

③ 工艺做法：应与装饰行业标准一致，一定要求书写明确，以避免与消费者发生纠纷。

④ 材料：品牌应与消费者要求的一致，备注中应明确注明材料的规格、产地、系列、名称等，为了避免纠纷，甚至可附上该材料的样本或照片。消费者对材料的环保性要求越来越高，因此所使用的辅料也建议注明品牌与型号。

⑤ 项目数量：项目罗列完成后，应检查有无漏报项目。

（3）预算的比较

当所出具的预算表利润控制在合理范围内，业主仍提出价格过高时，对方多数会存在一个比较对象，可与对方就预算表中的问题展开比较。

① 比较预算表。根据图纸比较预算表上的项目、数量等，包括图纸上不能体现出的拆除、改造等项目，看价格的差距出现在哪些方面。

② 对比价格。比较价格不要盲目比总数，应重点查看预算是否为同等施工资质、同等材料等级情况下发生，若等级不同发生价格差，应与消费阐述清楚其利弊，当对方坚持低价并清楚利弊时，可下调等级来调整价格。

③ 更换设计。设计不同，计费方式自然不同，以衣柜举例，若造型复杂程度或大小不同，自然价格会出现差距。若业主坚持低价政策，可与其协商更换设计。

5. 装修建材用量的估算

（1）乳胶漆用量的估算

乳胶漆的用量估算有粗算和精算两种方式。

① 粗算法。门窗较多的户型，可用地面面积 ×2.5 来估算；门窗少的户型，可用地面面积 ×3 来估算，落地窗多的别墅不适合粗算法。

② 精算法。计算起来麻烦但计算的结果却很准确，方式是将墙面、天花的宽度等实测出来，计算出总面积，再去掉门窗的面积。

▲ 乳胶漆例图

Tips 一桶乳胶漆的涂刷量

计算出总面积后需除以一桶乳胶漆的涂刷量就可计算出使用的乳胶漆的桶数。市面常见的乳胶漆为 5L 一桶，底漆施工面积为 70m²，面漆施工面积为 35m² 左右。若室内需涂刷面积为 350m²，则需要底漆 5 桶，面漆 10 桶。

（2）瓷砖用量的计算

瓷砖用量的计算方式为：（房间长度 ÷ 砖长）×（房间宽度 ÷ 砖宽）。如使用 300mm×600mm 的砖，房间尺寸为 2.4m×3.6m，计算方式为：（2400÷300）×（3600÷600）=48 块，加上 5% 的损耗，共需 51 块砖。

▲ 瓷砖例图

（3）壁纸用量的计算

壁纸的计算方式为墙面面积 ÷ 壁纸能够粘贴的面积。一卷壁纸的长度通常为 10m，宽度为 0.53m，一般一卷素色壁纸能够满贴 5.3m^2 的墙面，但在需要对花的情况下，就需要增加 10% 左右的损耗。

▲ 壁纸例图

（4）吊顶材料用量的计算

吊顶材料通常有涂料、石膏板和石膏线等，造型简单的吊顶，涂料和石膏板是按照平面面积计算的，造型复杂的跌级吊顶，大部分情况下会按照展开面积计算，一般会比平面吊顶的面积多出 10% ~ 40%。石膏线则是按照实际使用长度以米来计算。

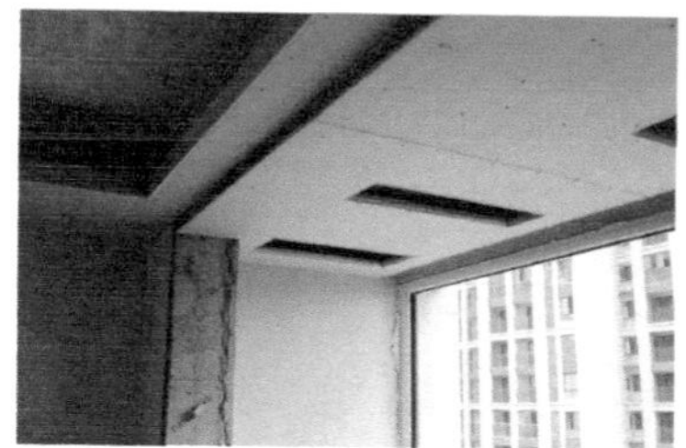

▲ 吊顶例图

（5）地板、楼梯踏步及扶手用量的计算

地板和楼梯踏步均以“平方米”为计算单位，楼梯扶手和栏杆的长度可按照其水平投影长度乘以系数 1.15 来计算，单位为“延米”。楼梯踏步的数量以展开面积计算，地板的用量与瓷砖计算方式相同，但损耗量为 5% ~ 8%。

▲ 地板例图

（6）防水涂料用量的计算

室内需要做防水的主要空间为厨房和卫浴间，厨房洗菜池一侧做 1.5m 高，其他部分做 0.3m 高，卫生间淋浴位置通常做 1.8m 高，其余部位通常做 0.3m 高。防水涂料包装会注明每平方米的用量，根据计算出来的面积购买相应数量的防水涂料即可。

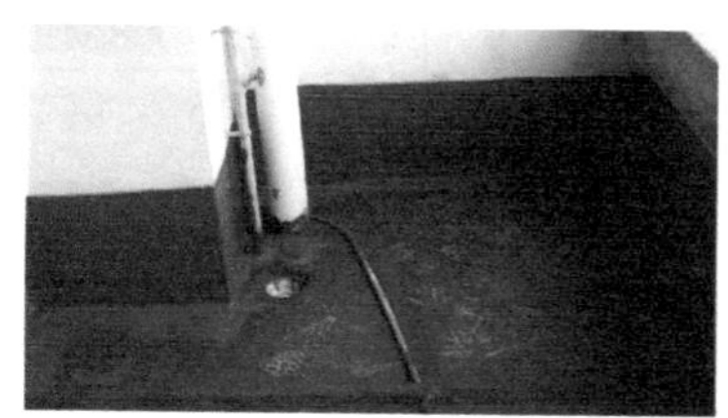

▲ 防水涂料涂刷效果例图

① 厨房防水涂料面积：（厨房地面周长 – 门宽）×0.3m+ 地面面积 + 洗菜池侧墙面的高度 ×1.5m。

② 卫浴间防水涂料面积：（淋浴区地面周长 – 门宽）×1.8m+（其余地面周长 – 门宽）×0.3m+ 地面面积。

6. 装修建材的入场顺序

装修建材的进场时间与施工进度密切相关，材料进场不及时会耽误工期，材料进场过早不仅需要花精力保管，还可能会因为占位过多而影响施工。所以装修建材的进场最好与施工工种的进度相配合，一些需预定的材料应做好规划提前订购，使其准时进场。

装修建材的进场顺序

项目		项目	时间
开工前		防盗门	○ 开工先装防盗门，需提前一周左右定做
		水泥、沙子、腻子粉等	○ 开工就应进场，不需预定
		白乳胶、原子灰	○ 开工就进场，不需预定
	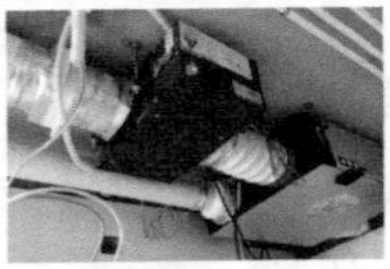	新风系统、中央空调等	○ 中央空调和吊顶式、地送风的新风系统需要在开工前安装。壁挂式和窗式新风系统可以在装修后安装
墙体改造完工后		橱柜、浴室柜	○ 上门测量尺寸，确定方案，出水口等位置会影响水电改造
		散热器及地暖系统	○ 墙体改造完毕后就需定制地暖和散热器，地暖在水电改造后即可安装
		洁面盆、厨房水槽	○ 在预定橱柜前需要确定款式，尺寸和安装位置影响水电改造和橱柜设计
		油烟机、炉灶、厨宝	○ 在预定橱柜前需要确定款式，尺寸和安装位置影响水电改造和橱柜设计
		室内门	○ 墙体改造完成后即可定制

续表

项目		项目	时间
墙体改造完工后		塑钢窗、气密窗等	○ 墙体改造完成就需定制
水电改造前		水路改造材料	○ 墙体改造完成后，水电改造开工前材料就需进场
		电路改造材料	○ 墙体改造完成后，水电改造开工前材料就需进场
		音响系统	○ 尺寸和安装位置影响电路改造方案，需在改造前确定型号或订购，安装前再入场
		排风扇、浴霸等	○ 尺寸和安装位置影响电路改造方案，需在改造前确定型号或订购，安装前再入场
		热水器	○ 尺寸和安装位置影响水电改造方案，需在改造前确定型号或订购，安装前再入场
		浴缸、淋浴房	○ 尺寸和安装位置影响水电改造方案，需在改造前确定型号或订购，安装前再入场
		净水器等	○ 尺寸和安装位置影响水电改造和橱柜设计方案，需在改造前确定型号或订购，安装前再入场
		带灯的镜子、洁具等	○ 带灯的镜子和特殊的洁具，位置和款式需在水电改造前确定，安装前再入场

续表

项目		项目	时间
瓦工开始前		防水材料	○ 水电改造完毕后入场，不需预定
		瓷砖、填缝剂	○ 水电改造完毕后入场，有些款式需提前预定
		石材	○ 地面、窗台台面、门槛石等，需提前 4 天左右测量尺寸并预定
		瓷砖背景墙	○ 瓷砖等需瓦工施工的背景墙材料，应提前 7 ~ 15 天预订
		地漏	○ 与瓷砖同时入场，需根据尺寸设计地面坡度和砖的裁切形式
木工开始前		龙骨、石膏板、铝扣板	○ 铝扣板需提前 4 天左右预定，其余材料在瓦工进行时购买即可，可与商家约定木工开始前送货
		木工板、饰面板等	○ 木工开始前购买并进场
		成品衣柜、衣帽间等	○ 全部工程完工后安装，但需提前 7 ~ 15 天预定
		定制背景墙	○ 特别设计的背景墙材料，需提前 7 ~ 15 天预定，木工开始前进场

续表

项目		项目	时间
木工开始前		门锁、门吸、合页	○ 门锁和合页涉及门的定制，应与门同时订购，门吸无需定制，安装门时进场即可
油漆工开始前		乳胶漆、油漆	○ 无需预定，墙面基层处理完工后进场
安装工程开始前		木地板	○ 墙面油漆工程完工后安装，需提前 7 天左右订货，若商家负责安装，应提前 3 天左右预约时间
		壁纸、壁布	○ 地板安装完成后才能粘贴，部分款式需提前 20 天左右预定，如商家负责粘贴，应提前 3 天左右预约时间
		龙头、厨卫五金	○ 挂墙龙头需在水电改造前提前定位，其余五金与洁具同步安装，在安装前购买即可
		灯具	○ 除定做款式外，均无需预定，安装前进场即可
		开关、插座面板	○ 油漆完工后确定数量并订购，安装开始前进场即可
		玻璃胶、胶枪	○ 洁具等封边需要使用，无需预定，安装开始前进场即可

Tips 网购建材

网络购物具有很高的性价比，很多业主都会选择网购建材，比起实体采购来讲，网购除了正常的预定时间外，还应将物流时间考虑进去，根据所在区域，增加 5 ~ 10 天的时间，以避免开工后无材料可用的情况。

7. 装修建材的环保问题

（1）装修污染的主要种类及危害

装修污染对人体的危害是巨大的，主要污染物包括有氡、TVOC（包括甲醛、苯类有机物等）、氨气等，危害和来源各有不同。

污染物	特点	危害	来源
甲醛	○ 室内装修污染的主要来源，无色易溶，具有强烈气味，是世界卫生组织认定的一类致癌物	○ 吸入过量的甲醛可能引发白血病、慢性呼吸道疾病、过敏性鼻炎，造成免疫力下降等，还可能诱发鼻癌、咽喉癌、皮肤癌	○ 胶合板、细木工板、密度板、刨花板、胶黏剂、化纤地毯、油漆涂料等
苯	○ 无色、具有特殊芳香气味的液体	○ 抑制人体的造血机能，导致白细胞、红细胞和血小板的减少。 ○ 吸入少量的苯可能会出现头晕、恶心、乏力、昏迷等症状；吸入大量的苯会使器官衰竭，甚至诱发血液病	○ 油漆、合成纤维、塑料、染料、橡胶以及一些合成材料
氡	○ 天然放射性气体，无色无味	○ 能够影响血细胞和神经系统，严重时会导致肿瘤的发生	○ 花岗岩、大理石等石材
二甲苯	○ 为无色透明液体，有芳香烃的特殊气味，是世界卫生组织认定的二类致癌物	○ 短时间内吸入高浓度的二甲苯，轻者头晕、恶心、胸闷、乏力，重者会导致昏迷，甚至引发呼吸系统衰竭	○ 油漆、各种涂料的添加剂以及胶黏剂、防水涂料等
TVOC	○ 总挥发性有机化合物，包括苯类、醛类等，是一类重要的空气污染物	○ 能引起头晕、头痛、嗜睡、无力、胸闷等自觉症状，还可能食欲不振、恶心等，严重时可损伤肝脏和造血系统	○ 涂料、黏合剂等
氨气	○ 刺激性强，易溶于水	○ 对眼、喉、上呼吸道具有快速的不良作用	○ 涂料和水泥

（2）关于环保装修

环保装修是指室内装修后污染物的含量达到国家要求的标准，而并不是指装修完成后没有任何污染物，这是做不到的。民用建筑室内污染物浓度国家标准可参考下表。

污染物名称	单位	含量要求
游离甲醛	mg/m^3	≤ 0.08
苯	mg/m^3	≤ 0.09
氡	mg/m^3	≤ 200
TVOC	mg/m^3	≤ 0.5
氨	mg/m^3	≤ 0.2

（3）装修建材的环保种类

装修的主要污染源是各种建材，想要达到环保装修的目的，就应少使用污染严重的建材，多使用污染低的品种。总体来说，室内装修建材可以分为基本无毒害型和低毒型两种。

① 基本无毒害型。装修材料中有一些材料基本是无毒无害的，且越天然类的材料毒害越小。如硅藻泥、石膏、砂石、瓷砖、乳胶漆、天然木料、实木地板、部分大理石和花岗岩等。

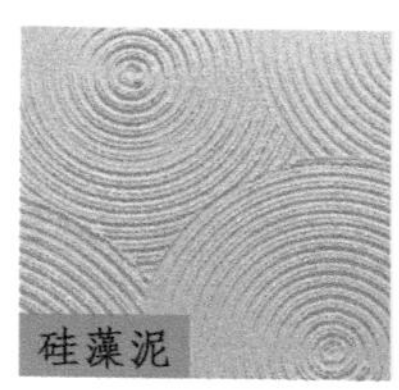
硅藻泥

瓷砖

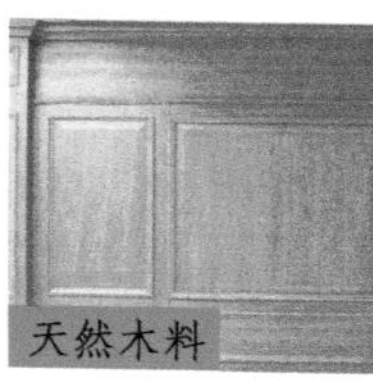
天然木料

实木地板

② 低毒型。有一定污染但能够达到国家标准的材料，如符合国家标准的各种板材及人工合成材料等，这些材料本身还是含有一定有害物的。

细木工板

胶合板

密度板

复合材料

（4）装修污染的控制方式

① 少使用低毒型材料。细木工板等人造板材即使是合格品，使用数量多了以后，有害物含量也会超标，所以应尽量少用，例如减少木质背景墙、现场木质家具的制作等。

② 通风晾晒后再入住。即使有害物没有超标，装修后的空间也不能立刻入住，建议最少通风晾晒 7 ~ 15 天的时间，让流动的空气带走室内的残留有害物，通风时应把家具门也敞开。

▲ 减少木质背景墙和家具制作

③ 摆放能吸收有害物的植物。在室内摆放一些具有吸收有害物作用的植物，既能美化环境又可以减少污染。但需注意的是，植物是无法彻底解决污染问题的，只能缓解或减轻。

▲ 摆放能吸收有害物的植物

④ 注意家具的有害物含量。成品家具所使用的板材等可能会含有有害物质，若不注重其环保性，即使硬装环保达标，也可能会因为家具而导致污染物超标。

▲ 成品家具同样包含有害物质

⑤ 注意辅料的环保性。在很多工序中，都需要使用辅料，即使是完全无害的材料，如草编壁纸，若使用的粘贴胶黏剂有毒，也会对室内环境造成污染。

▲ 辅料有害物质较多应注意

⑥ 喷洒光触媒。光触媒是重度污染治理最有效的一种办法，它是一种纳米级的金属氧化物，干燥后能形成薄膜，在光线的作用下，能够产生催化降解功能，能够降解有害物和多种细菌。

※ 需注意的是，喷洒光触媒后仍需配合通风。

▲ 喷洒光触媒可治理污染

⑦ 活性炭吸附。活性炭对苯等挥发性有机物的吸附效果最好，但它见效较慢，对甲醛、TVOC 去除率较低。

※ 需注意的是活性炭具有时效性，每隔一段时间可将其放在阳光下曝晒以恢复其部分作用。

8. 智能家居与功能

（1）什么是智能家居

智能家居英文为 Smart Home，是以住宅为平台，利用综合布线技术、网络通信技术、安全防范技术、自动控制技术、音视频技术将家居生活有关的设施集成，构建高效的住宅设施与家庭日程事务的管理系统，提升家居生活的安全性、便利性、舒适性、艺术性，并打造环保节能的居住环境。

▲ 活性炭可吸附一定有害物

服务器	
音频管理	 WIFI 音箱对外箱机
无线路由器	
控制主机	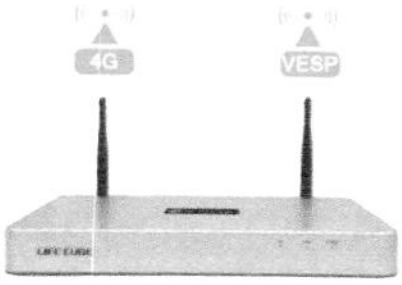
视频管理	 网络小云台摄像机 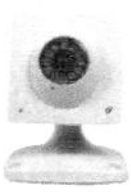 网络卡片摄像机  网络室外枪机
远程移动控制	 计算机  手机  平板电脑
可视对讲	 可视对讲室内分机  可视对讲门口机
报警管理	 报警短信 报警彩信  红外探测器  门磁  紧急按钮  烟雾探测器  燃气探测器  警笛
环境监测	 语音识别器  室内温湿度计  室外温湿度计  一氧化碳检测器  PM2.5 检测器
电器控制	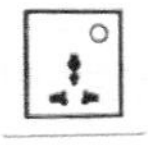 智能插座  无线转红外  智能电视 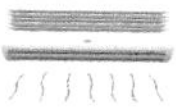 智能空调  其他智能电器
门窗控制	 窗帘控制器 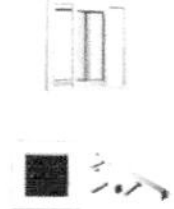 窗帘控制器  指纹门锁 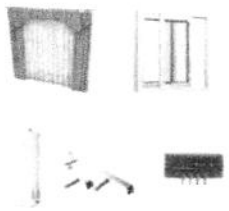 智能开窗器
灯光控制	 灯光控制器  调光控制器  大功率控制器  LED 控制器

（2）智能家居系统的主要功能

智能家居系统的主要功能有灯光控制、电器控制、安防监控、环境监测、背景音乐、门窗系统、视频共享以及家庭影院系统等。

功能		特点
智能灯光控制		○ 实现对全宅灯光的智能管理，并可用定时控制、手机 APP 远程控制、电脑本地及互联网远程控制等多种方式实现功能，节能、环保、舒适、方便
智能电器控制		○ 可以用遥控、定时等多种智能控制方式对家里的饮水机、插座、空调、地暖、投影机、新风系统等进行智能控制
安防监控系统		○ 可接入红外探头、门磁开关等，并可随时布防撤防 ○ 可对陌生人入侵、煤气泄漏、火灾等情况及时发现并通过家中内置电话卡拨打电话通知业主和物业保安中心 ○ 视频监控系统可以有效地阻止窃贼进一步行动，并在事后取证
智能环境监测		○ 可连接室内外温度计、PM2.5 检测器、一氧化碳检测器等对家中的环境进行实时监测
智能背景音乐		○ 通过智能控制，将播放器、FM、DVD、电脑等多种音源进行系统组合，让每个房间都能听到美妙的背景音乐
智能门窗系统		○ 可通过智能系统连接指纹门锁、窗帘控制器、智能开窗器等对门窗进行控制，如定时开关窗帘等
智能视频共享		○ 可以做到让客厅、餐厅、卧室等多个房间的电视机共享家庭影音库，并可以通过遥控器选择自己喜欢的视频进行观看
家庭影院系统		○ 在使用家庭投影设备时，只要在系统中选择观影模式，就无需自己操作灯光、幕布等设备，系统可自动调整成理想状态

Tips 智能家居的控制方式

智能家居系统的控制可通过多种方式来实现，包括但并不仅限于遥控控制、手机远程控制、定时控制、集中控制、场景控制、网络远程控制以及全宅手机 APP 控制等。

（3）智能家居系统的安装须知

① 做好前期沟通。与商家确定好要加入智能系统的电器，并与设计师定好电器

的摆放位置及所需功能等，商家出具布线图后，在水电改造阶段结合智能家居系统布线图进行线路的布置。

※ 需注意，电器的摆放位置一定要确定清楚，系统内的电器位置是不能挪动的，否则无法控制。若完工后再变动位置，需砸墙、凿地，重新布线。虽然有无线系统，但效果受信号影响且价格高，目前智能家居系统多以有线方式为主。

② 兼容问题。不同的电器型号与智能系统存在兼容问题，选择系统的厂家后，应与其确定预计购买的电器是否与系统兼容。

③ 隐私问题。智能系统很多功能需要依靠网络来实现，而网络都存在一定漏洞，可能被黑客利用，所以卧室等私密空间不建议安装监控录像设备。

第三节 准备期常见问题解析

1. 新房和老房在预算分配上有区别么?

制定装修预算时，建议根据房子的新旧程度予以区别对待，新建设的楼房在户型、门窗等基础建设方面是比较完善的，重点可放在格局的改动和后期装饰上；二手房通常比较旧，想要住得安全又舒适，可在基础建设上多花心思。

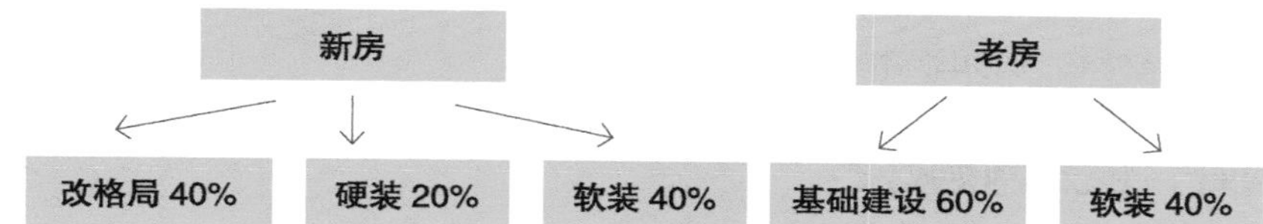

2. 不同空间建材的选择需要区别对待么?

不同的室内空间面积和使用功能是有区别的，选择建材时建议区别对待。

（1）客厅

在我国大部分住宅中，客厅的面积都是比较大的，且为家庭活动的主要空间，人流较多，所以在选材时可以适当使用一些大花、大尺寸的类型，彰显大气感。同时应坚固耐磨、耐擦洗，以利于装饰效果的持久。

▲ 客厅用材宜坚固、耐磨

▲ 餐厅宜选易清理的建材

（2）餐厅

餐厅的面积有大有小，图案和色彩可根据面积来决定，大图案、深色适合大餐厅，小图案、浅色适合小餐厅。由于其主要功能是用餐，因此在材质的质地方面，宜选择易清理、不易脏的材料。

（3）卫浴间

卫浴间内比较潮湿，建材应防水、防滑、易清洁，不易发霉、生锈等。对于面积不大的卫浴间来说，砖或石材的尺寸不宜过大，容易让人感觉拥挤。

▲ 卫浴间建材应防水、易清洁

（4）厨房

厨房油烟大、有水汽，大面积的材料应选择易擦洗、质感坚硬耐磨、耐脏、防火、防潮的材料，不易使用纸、布等材质的建材。

▲ 厨房间建材应防火、防潮

（5）卧室、书房

此类空间对静谧性要求较高，且比较私密，人流少，可以选择隔音效果较佳的建材，同时还应特别注重建材的环保性，一些比较难维护的环保材料也可以适当用在其中，如硅藻泥、天然材料壁纸等。

▲ 卧室、书房建材注重环保性

（6）老人房、儿童房

老人和儿童的体质都比较弱，且容易受伤，选择建材时应以环保性和安全性为出发点，选择弹性佳、污染少或无污染的材料，例如软木地板、亚麻地板等。

▲ 老人房、儿童房建材宜注重安全性

3. 团购好，还是网购好？

团购和网购是目前较为省钱的材料选购方式，两者各有利弊，可参考以下表格为业主提供意见参考。

	团购	网购
优点	○ 相对正常售价来说价格较低，性价比高 ○ 能够看到实物，真实评价多 ○ 在购买和服务过程中占据主动地位 ○ 可节省时间、精力和金钱	○ 价格透明，没有中间商，性价比高 ○ 款式多样，本地没有的款式也能找到 ○ 可充分满足个性化需求 ○ 大部分商家可无理由退货
缺点	○ 产品比较单一，难以达到个性化要求 ○ 可能会买到库存时间长的产品 ○ 容易产生纠纷	○ 无法看到实物，容易被无良商家以次充好 ○ 大件的建材需自提或加运费才能送货上门
适合的建材	○ 瓷砖、地板、厨卫设备、灯具、电器、家具	大部分建材
注意事项	○ 尽量购买知名品牌，或能够提供生产许可证、执照、合格证、检验报告等全套材料的品牌 ○ 明确售后服务的时间、范围	○ 购买知名品牌 ○ 比较价格、出货速度以及售后服务等，选择有检验证书、环保证书的产品 ○ 应将建材的运输时间计算准确，以免延误工期

4. 签订装修合同时有哪些注意事项?

(1)不能只盖公章

合同中填写甲方、乙方名称和联系方式的位置，不能只盖公章，为了避免后期发生纠纷，必须将内容填满，并进行核对。

(2)明确工期

工期应填写清楚，明确开工日期和竣工日期，并就工期内因双方发生的延误问题做明确规定。

(3)付款方式及时间

付款方式及付款时间必须在合同中体现清楚。通常来说，付款分为四次：开工预付款、中期进度款、后期进度款以及尾款。在备注栏中可注明每段工程结束后，若验收合格后因业主款项延迟而导致的工期延误，不由公司负责。还应注意的是，尾款最容易发生纠纷，建议注明尾款的交付时间。

(4)工艺及材料注明

在合同中，工艺说明、所用材料等一定要标注明确，可避免发生纠纷。

(5)标明验收时间

为了对双方有一个约束，应在合同中标明隐蔽工程和中间工程的验收时间，且应在规定时间内进行验收。

(6)备注项

装修过程中，难以避免会出现偶然因素影响施工进度，比如施工现场的安全问题、施工人员身体状况等，在合同中应逐一细化，让双方的责任归属更加明确。

(7)妥善保管文件

经双方认可的工程预算书以及全套设计、施工图纸、支付费用的单据等文件，均为合同有效构成要件，应把这些文件作为合同附件妥善保存。

第二章
水电材料

第一节 电线与套管

1. 电线的种类及应用

电线是电路改造中最为重要的一种建材，如果是毛坯房，选购电线时就应对其质量引起足够的重视，如果是精装房，也应重新测量核对。

对住宅用电安全影响比较大的为电线质量和用电回路的计算。在回路计算准确的情况下，电线就是至关重要的因素。电线有很多不同类型和粗细的，作用也不同。

（1）电线组成材料分类

电线的外层为一层绝缘层，中间是内芯，内芯有铜和铝两种材质，铜芯导线的型号为 BV，铝芯导线的型号为 BLV。铝芯线价格低，但是电阻大、能耗比铜芯线多，使用寿命短，所以现在室内装修多使用的是铜芯线。

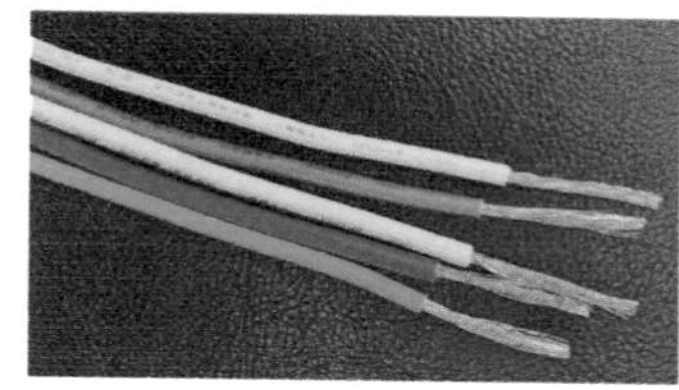

▲ 铜芯线（BV）

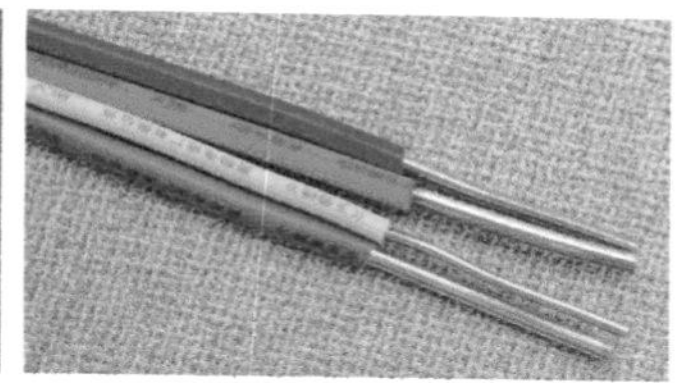

▲ 铝芯线（BLV）

铜芯线的种类

名称		主要材料	作用
塑铜线		○ 学名为 BV 线，全称铜芯聚氯乙烯绝缘电线内芯为铜线，外层为塑料绝缘层 ○ 外皮会做成不同颜色，一般红色为火线（相线），蓝色为零线，黄绿双色线为地线 ○ 火线会因厂家不同而存在区别，但一个住宅的相线颜色必须统一	○ 家居线路主要电线类型
护套线		○ 有两层绝缘外皮，严格来说是塑铜线的一种它的内芯由两芯或三芯组成 ○ 散热性不如单芯塑铜线，隐蔽墙内时基本不用	○ 可以露在墙体之外做明线使用
橡套线		○ 又称水线，可以浸泡在水中使用 ○ 外层为工业用绝缘橡胶，具有很好的绝缘和防水作用	○ 室外专用电线

Tips 接线原则

电线接线时必须遵从“火线进开关，零线进灯头”以及“左零右火上接地”的规定。其中，需要用水的电器以及功率较大的电器，如冰箱、热水器、洗衣机、洗碗机等，必须接地线，以避免触电事故。

N（零线） L（火线） E（地线） N（零线）

[当单控用]

N（零线） L1 COM L2 另一双控开关 L（火线） E（地线） N（零线）

[当双控用]

（2）塑铜线的线径分类

室内装修常使用的塑铜线线径型号有：1.5mm²、2.5mm²、4mm²、6mm²、10mm² 等。截面面积小的电线电阻大、能耗多，多用于功率小的设备；反之，截面面积大的电线多用于功率大的设备。

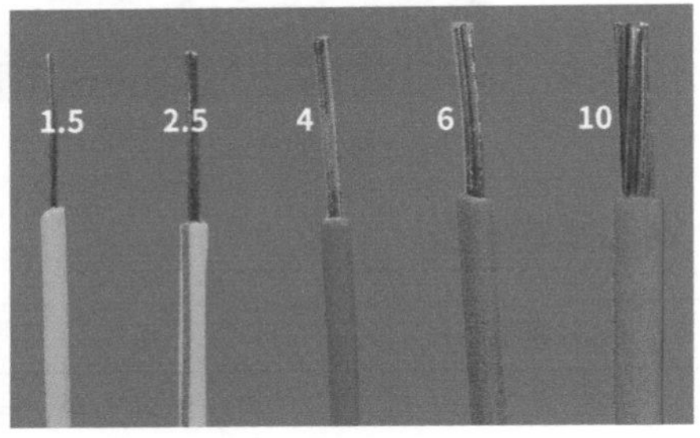

▲ 各种尺寸的电线

塑铜线线径的种类

名称	最大承载电流	作用
1.5mm²	14.5A	○ 照明线，可串联多盏灯具，若灯具数量过多则需更换为 2.5mm² 线或增加回路数量
2.5mm²	19.5A	○ 普通插座线，可串联多个插座，若电器数量较多，需增加回路数量
4mm²	26A	○ 空调、热水器、按摩浴缸等大功率电器专用插座线，若电器数量多需增加回路数量
6mm²	34A	○ 进户线，若没有过大功率的电器，通常使用此种线做进户线
10mm²	65A	○ 进户线，若大功率电器较多，需使用此类线做进户线

（3）电线的作用分类

电线有强电和弱电之分，强电即为动力电流，弱电为信号电流。弱电抗干扰能力较差，布线时应尽量与强电间隔一定距离，若必须交叉则需用锡纸包裹。

① 强电：照明、开关、插座用电线路。

② 弱电：网络、电话、有线电视、音响、对讲机、报警器等设备线路。

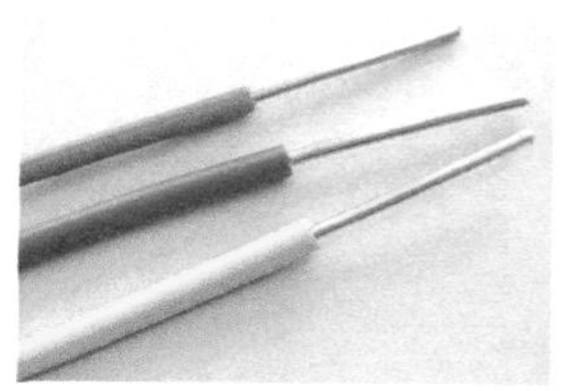
强电电线

弱电网络线

弱电音响线

有线电视线

2. 电线的选购

在线路计算合理的情况下，大多数的火灾都是由于电线的质量不合格导致的，很多人在挑选电线时只看截面面积，不会仔细查看质量，这是非常错误的做法，应予以重视。

建材选购要点

要点	说明
看外观	○ 包装上应印有厂名、厂址、检验章、生产日期、生产许可证号和“CCC”标志
看生产日期	○ 制造期为 3 年以内的电线最佳，电线绝缘皮的使用年限为 15 ~ 20 年，生产日期越靠近使用日期，则使用寿命越长
看铜芯	○ 好的电线铜芯是优质的紫红铜，质地略软，光泽度高，色泽柔和，黄中带红
看绝缘层	○ 绝缘层应色彩鲜亮，质地细密，厚度为 0.8mm 左右 ○ 用打火机点燃应无明火 ○ 来回弯折应手感柔软，无皲裂现象

电线需特别注意商标上的内容

3. 电线套管的种类及应用

目前家居的电路改造以隐蔽工程为主，电线需要埋在墙内或地内。将电线穿管可以避免电线受到建材的侵蚀和外来的机械损伤，能够保证电路的使用安全并延长其使用寿命，也方便日后的更换和维修。电线套管主要有 PVC 套管和钢套管两种类型。

电线套管的种类

类型		特点	分类	使用须知
PVC 套管		○ 即聚氯乙烯硬质电线管，耐酸碱，易切割，施工方便 ○ 传导性差，发生火灾时能在较长的时间内保护电路，便于人员的疏散 ○ 耐冲击、耐高温和耐摩擦性能比钢管差 ○ 是家居电路套管的主体类型	○ 常用管径为 25mm 和 20mm两种，俗称 6 分管和 4 分管	○ 管内全部电线的总截面面积不能超过 PVC 套管内截面面积的 40%
钢套管		○ 可用于室内和室外，室内多用于公共空间的电路改造 ○ 对金属管有严重腐蚀的场合不宜使用	○ 镀锌钢管、扣压是薄壁钢管和套接紧定式钢管等	○ 管内全部电线的总截面面积不能超过钢套管内截面面积的 40%

Tips 弱电与强电不能同管

电线布线时通常是在墙面开槽，深度为 PVC 管的直径加 10mm。需注意的是，强电和弱电不能同管，强电具有电磁，会影响弱电的信号，两者应间隔至少 50cm，当必须有交叉时，需用锡纸包裹。强电通常使用白色或红色 PVC 套管，弱电多使用蓝色 PVC 套管。

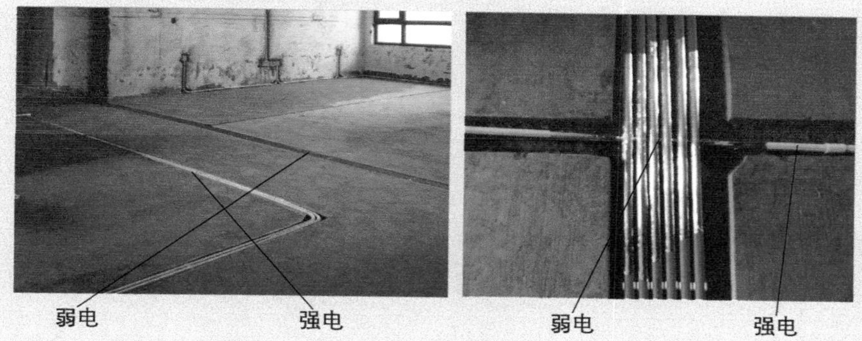

4. 电线套管的选购

好质量的电线套管能够保证用电安全，不能因为套管看起来不起眼而马虎对待其质量问题。PVC 套管和钢套管的质量鉴别方式各有不同。

建材选购要点

名称	选购方式
PVC 套管	○ 应有检验报告单和出厂合格证
	○ 管材、连接件等配件，内外壁应光滑无凹凸、针孔及气泡
	○ 壁厚应均匀一致，并达到手指用劲捏不破的强度
	○ 在火焰上烧烤离开后，自燃火应能迅速熄灭
	○ 放在地上用脚踩，不能轻易踩坏
钢套管	○ 管材、连接件等配件，内外壁应光滑无毛刺、针孔、气泡、裂纹
	○ 管壁厚度应均匀一致
	○ 表面镀层应完好，无剥落及锈蚀现象

5. 电线的安装与验收

① 电线必须穿 PVC 管暗敷设于槽线内，禁止将导线直接用水泥抹入墙中，避免影响导线正常散热和绝缘层被碱化

② 布线走向为横平竖直，应严格按图布线走线，管内及线盒内不得有接头和扭结

③ 导线盒内预留导线长度应为 150mm，接线为相线进开关，零线进灯头；面对插座时为左零右相接地上

④ 电线套管应固定在墙体或地面的槽中，要保证套管表面凹进墙面 10mm 以上

⑤ 经检验电源线连接合格后，应浇湿墙面，用 1:2.5 的水泥砂浆封槽，表面要平整，且低于墙面 2mm

第二节 〉开关插座

1. 开关的种类及应用

开关按照闭合形式可分为翘板开关和触摸开关；按照功能可分为调光开关、调速开关延时开关、定时开关、红外线感应开关和转换开关等；按照额定电流大小可分为 6A、10A、16A 等多种。

开关的种类

名称		作用
单控翘板开关		○ 最常见的一种开关形式，通过上下按动来控制灯具，一个开关控制一盏或多盏灯具 ○ 分为一开单控、双开单控、三开单控、四开单控等多种
双控翘板开关		○ 双控翘板开关可与另一个双控开关一起控制一盏或多盏灯具，分为双开双控、四开双控等
触摸开关		○ 触摸开关是应用触摸感应芯片原理设计的一种墙壁开关，可以通过人体触摸来实现灯具或设备的开、关
调光开关		○ 调光开关可以通过旋转的按钮，控制灯具的明亮程度及开、关灯具适合客厅、卧室等对灯具亮度有不同需求的空间
调速开关		○ 通常是与吊扇配合使用的，可以通过旋转钮来控制风扇的转速及开、关风扇
延时开关		○ 通过触摸或拨动开关，能够延长电器设备的关闭时间 ○ 很适合用来控制卫浴间的排风扇，当人离开时，让风扇继续排除潮气一段时间，完成工作后会自动关闭

续表

名称		作用
定时开关		○ 设定关闭时间后，由开关所控制的设备会在到达该时间的时候自动关闭
红外线感应开关		○ 内置红外线感应器，当人进入开关控制范围时，会自动连通负载开启灯具或设备，离开后会自动关闭，很适合装在阳台
转换开关		○ 适用于一个空间中安装多盏或多种灯具的情况，例如按压一下打开主灯，继续按压打开局部照明，三下打开全部灯具，四下关闭等

2. 插座的种类及应用

家装常用插座分为强电插座和弱电插座两大类。其中强电插座的规格有 50V 级的 10A、15A；250V 级的 10A、15A、20A、30A 和 380V 级的 15A、25A 和 30A。家用电为 220V，应选择 250V 级的插座，普通电器可使用额定流量为 10A 的插座，空调等大功率电器建议选择额定电流为 15A 以上的插座；除此外，强电插座还可以从外观上分类，如两孔、三孔等。

插座的种类

名称		作用
二孔插座		○ 面板上有两个孔，额定电流以 10A 为主 ○ 占据的位置与其他插座相同，但一次只能插接一个两孔插头，所以现多用四孔或多功能五孔插座等代替
三孔插座		○ 面板上有三个孔，额定电流分为 10A 和 16A 两种，10A 用于电器和挂机空调，16A 用于 2.5P 及 2.5P 以下的柜机空调 ○ 还有带防溅水盖的三孔插座，适合用在厨房和卫生间中
四孔插座		○ 面板上有四个孔，分为普通四孔插座和 25A 三相四级插座两种，后者用于功率大于 3P 的空调

续表

名称		作用
五孔插座		○面板上有五个孔，可以同时插一个三头和一个双头插头 分为正常布局和错位布局两类
多功能五孔插座		○分为两种，一种是单独五个孔，可以插国外的三头插头 ○另外一种是带有 USB 接口的面板，除可插国外电器外，还能同时进行 USB 接口的充电，例如手机、PAD 等
带开关插座		○插座的电源可以经由开关控制，所控制的电器不需要插、拔插头，只需要打开或关闭开关即可供电和断电 ○适合洗衣机、热水器、内置烤箱等电器
地面插座		○安装在地面上的插座，既有强电插座又有弱电插座 ○能够将开关面板隐藏起来与地面高度平齐，通过按压的方式即可弹开使用
电视插座		○有线电视系统的输出口，可以将电视与有线电视信号连接 ○有三种类型，串接式插座适合普通有线电视；宽频电视插座即可接有线也可接数字信号；双路电视插座可以同时接两个电视信号线
网络插座		○将电脑等用网设备与网络信号连接起来的插座
电话插座		○将电话与电话信号连接起来的插座，分为单口和双口两种，双口可以同时连接两台电话机
双信息插座		○可以同时插两个信号线，可以是两个网线插口，也可以是电话电脑双信息插座或者电视电脑双信息插座
音响插座		○用来接通音响设备的插座。包括一位音响插座，用来接音响；二位音响插座，用来接功放

Tips 插座的设计原则

1. 宁多勿少。在规划插座的数量时，应在能够满足现有电器使用的基础上，再多增加一些数量，为以后添置的电器做预留。

2. 考虑安全性。潮湿的空间中，应使用带有防溅水功能的插座。

3. 厨房插座分高度。厨房内的电器较多，一定要根据位置来规划插座的高度。

3. 开关与插座的选购

开关、插座的质量关系到家居用电安全，建议购买知名品牌的产品，不能在这部分材料上省钱，否则后果严重。

建材选购要点

要点	说明
外观	○ 开关的款式、颜色应该与室内的整体风格相吻合
手感	○ 品质好的开关大多使用防弹胶等高级材料制成，防火性能、防潮性能、防撞击性能等都较好，表面光滑 ○ 好的开关插座的面板要求无气泡、无划痕、无污迹 ○ 开关拨动的手感轻巧而不紧涩，插座的插孔需装有保护门，插头插拔应需要一定的力度并单脚无法插入
重量	○ 在购买时可掂量一下单个开关插座，如果是合金的或者是薄的铜片，手感较轻，品质就很难保证
面板材质	○ 面板材质有 ABS 材料、PC 材料和电玉粉三种，品质依次更好
品牌	○ 低档的开关插座使用时间短，需经常更换。而知名品牌会向业主进行有效承诺，如“质保 12 年”、“可连续开关 10000 次”等，建议购买知名品牌的开关插座
标识	○ 注意有无国家强制性产品认证（CCC）、额定电流电压值、产品生产型号、生产日期等
阻燃性	○ 开关插座直接与电线接触，阻燃性能就很重要，可以通过火烧来测试，达到标准的开关离火后明火会自动熄灭

4. 开关、插座的安装与验收

① 开关插座的型号、位置应符合图纸的设计要求，安装牢固，面板端正，表面整洁无污物。同一室内中开关、插座的水平位置应一致

② 安装在同一房间中的开关和插座，宜采用同一系列或同色系的产品，且翘板开关的开、关方向应一致

③ 同一室内的强、弱电插座面板应在同一水平高度上，差距应小于 5mm，间距应大于 50mm

④ 插座、开关面板应紧贴墙面，四周没有缝隙，安装牢固，表面光滑整洁、没有裂痕、划伤，装饰帽齐全

⑤ 地面插座的面板应与地面齐平或紧贴地面，面板安装牢固、密封性好

⑥ 用相线仪测试，插座的接线顺序应正确无误

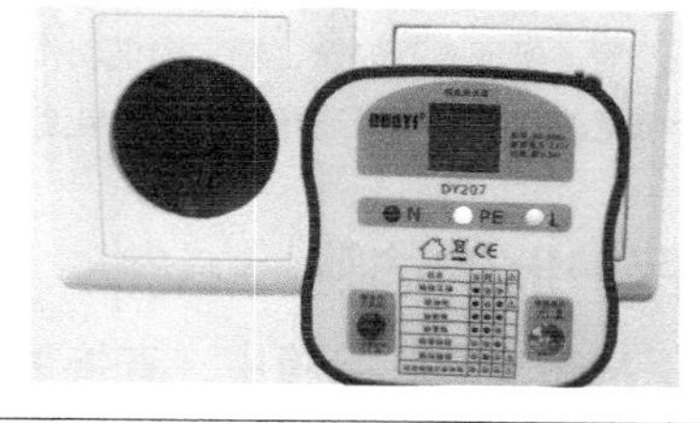

第三节 漏电保护器

1. 漏电保护器的种类及应用

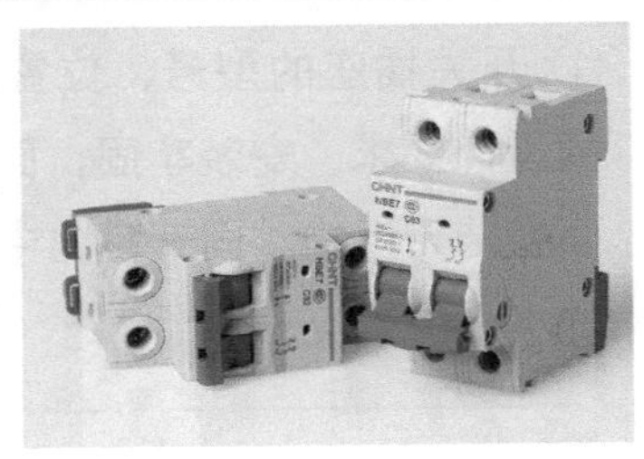

▲ 普通空气开关

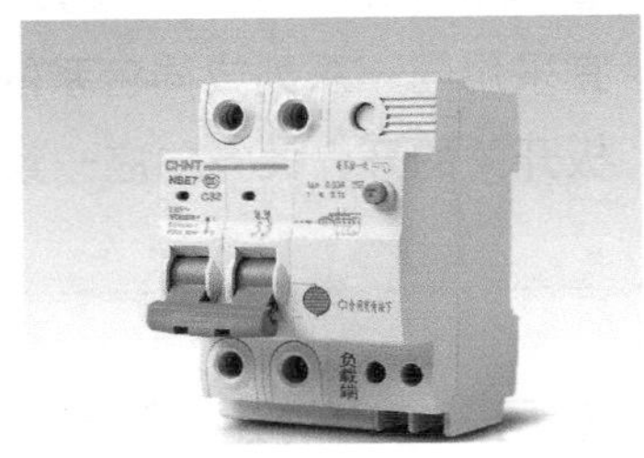

▲ 漏电保护器

空气开关可分为普通空开和漏电保护器两大类，普通空开没有漏电保护功能，而漏电保护器具有防漏电功能，两者的外观很类似，区别是漏电保护器上有一个“每月按一次”的按钮。它也叫漏电开关、漏电断路器、自动空开等，既有手工开关作用，又能自动进行过载、短路、欠压和失压保护。当电路或电器发生漏电、短路或过载时，漏电保护器会瞬间动作，断开电源，保护线路和用电设备的安全。同时如果有人触电，漏电保护器也能瞬间动作，断开电源，保护人身安全。漏电保护器以额定电流区分，常用的有：10A、16A、20A、25A、32A、40A、63A 等。

各回路适用的漏电保护器类型

适用回路	漏电保护器额定电流
插座回路	16A、20A
开关回路	10A、16A
壁挂空调回路	16A、20A
3 ~ 5P 柜机空调	25A、32A
10P 中央空调	40A
总开关回路	32A、40A、63A

Tips 额定动作电流很重要

漏电保护器在达不到额定动作电流的正常泄漏电流作用下不会动作，以防止其频繁断电造成不必要的麻烦。为了保证人身安全，额定漏电动作电流应不大于人体安全电流值，国际上公认为 30mA 为人体安全电流值，所以可以选择额定动作电流为 30mA 的漏电保护器。

2. 漏电保护器的选购

漏电保护器安装在电箱中，直接关系着家居用电安全，应认真挑选。

建材选购要点

要点	说明
电压、电流	○ 额定电压和电流不应小于电路正常工作电压和电流
证书、标识	○ 应有产品合格证，并注意认证书的有效期
应有 IEC 标志、“CCC”标志、型号、规格等	○ 16A、20A
手感	○ 手柄推拉时应感觉有弹性和一定的压力感
开关应灵活、无卡死滑扣等现象，声音应清脆	○ 40A
重量	○ 高质量的空开重量应在 85g 以上，如果达不到多为次品

3. 漏电保护器的安装与验收

① 除有特殊要求外，漏电保护器应垂直安装，倾斜角度不能超过 ±5°	
② 漏电保护器接线应按照配电箱说明严格进行，不允许倒进线，会影响保护功能，导致短路	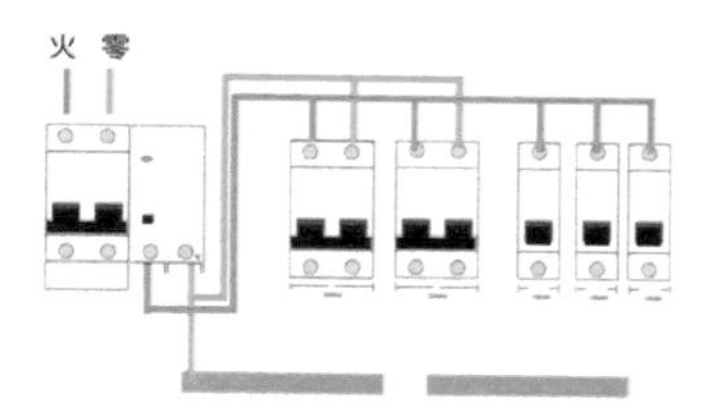
③ 安装完成后应进行通电试验，按动试验按钮，若脱扣器立刻发生动作，切断电源。试验时可操作试验按钮三次，带负荷分合三次，确认动作正确无误，方可正式投入使用	

Tips 并不是所有回路都需要安装漏电保护器

理论上，家装中所有的插座线路都要安装漏电保护器，但是好的漏电保护器非常敏感，如果电线的胶布包裹得不严实，就会经常跳闸，所以可以不用全部安装。

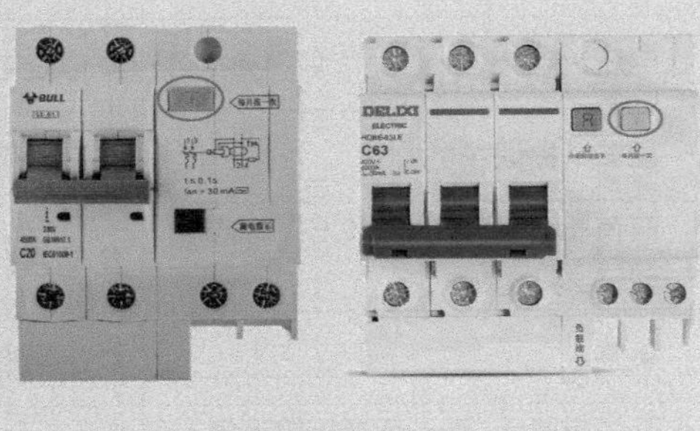

在水多的房间，例如厨房、卫生间，最容易发生漏电，这条电路上就应该安装漏电保护器，如果热水器单独一个空开，一定要安装漏电保护器。

另外使用时需注意每个月需要按动一次“T”字按钮，否则会容易失灵。

第四节 电箱及电表

1. 电箱的种类及应用

电箱就是分配电流的控制箱，电路接入电箱后，再从电箱内分流出去，以保证电器设备和弱电信号的正常使用。根据电箱接线的类型，可分为强电箱和弱电箱两类。

电箱的种类

名称		作用
强电箱		○ 箱内安装总空开、分路空开、漏电保护器等 ○ 箱体外壳有金属和塑料两种，塑料的比较美观 ○ 安装方式有明装和暗装两种，家中多采用暗装式
弱电箱		○ 家居弱电箱又叫多媒体信息箱 ○ 是将电话线、电视线、宽带线集中在一起，然后统一分配，能够提供高效的信息交换与分配 ○ 弱电箱中设有电话分支、电脑路由器、电视分支器、电源插座、安防接线模块等

2. 电箱的选购

电箱承载的部件较多，应选择质量佳、不易变形的类型。同时需注意，为了安全，电箱不宜遮挡，所以还应注意外表的美观性。

建材选购要点

名称	选购方式
强电箱	○ 根据家中控制回路空开的数量选择配电箱的尺寸
	○ 宜选择钢材料的箱体，箱体应结实、牢固
	○ 导轨应为标准 35mm 导轨，材料要坚固耐用
	○ 零线排、接地排应采用铜合金材料，不易腐蚀生锈
	○ 箱盖应开门方便，材料不易破损，固定件可靠牢固
弱电箱	○ 尺寸应尽量大一些，为后期升级以及设备的增加预留足够空间
	○ 箱体宜选择钢材的，钢板厚度最好在 1mm 以上
	○ 箱体烤漆要平整、无瑕疵，避免潮湿地区出现水汽渗透导致箱体生锈
	○ 模块的选择应结合家中弱电设备配备，如没有座机则无需安装电话模块
	○ 内部有源设备较多的情况下，应选择散热孔较为密集的弱电箱
	○ 若箱内计划放入无线路由器，应选塑料面板的箱盖，金属的会阻碍信号

3. 电箱的安装与验收

① 电箱应安装牢固，不存在歪斜现象且应垂直；强电箱下底与地面垂直距离要≥ 1.2m 且≤ 1.6m	
② 配电箱内的空开及配件必须安装牢固，可以用力左右摇晃检验有无松动，如果有松动应要求立刻更换	
③ 强电电箱内的每个回路都应粘贴上对应的回路名称，例如卧室、厨房，若有进一步的细分也应标注。然后按照分路标记逐个检查线路， 看看分路标记与实际功能是否相符	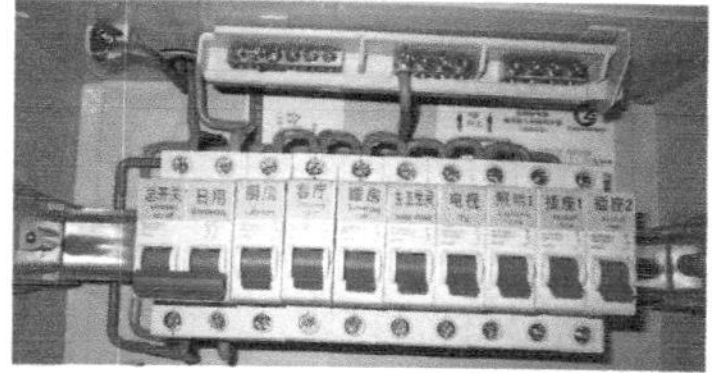
④ 拆开电箱内盖检查接线，线路应井然有序，不能有裸露	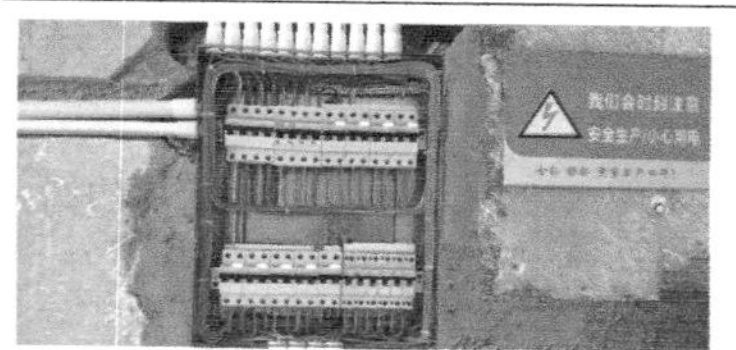

⑤ 检查弱电箱内的有线电视插座、宽带插座等插进去有无松动，是否有插不进的现象	

4. 电表的种类及应用

电表又称电度表，火表，千瓦小时表，是用来计量电能的仪表。电表分为单向电表、三相三线有功电表、三相四线有功电表和无功电表等，家用多使用单向电表。单向电表又分为机械式和电子式两类。

电表的种类

名称		特点
机械式		○ 也叫感应式电能表 ○ 机械式电表具有高过载、稳定性好、耐用等优点 ○ 机械式电表容易受电压、温度、频率等因素影响而产生计数误差，且长时间使用容易磨损
电子式		○ 电子式电表具有高过载、高精度、耗能低、体积小、防窃等优点，长期使用也无需调校 ○ 常用的型号有 DD56、DDS15、DSSY23 等

Tips 家用电表的选择

电表如果需要自己购买，应选择 10A 或小于 10A 的型号，过大计数会不准确。一只 10A 的电表要有 0.05~0.1A 的电流通过时才开始转动，在 220V 的线路上其功率相当于 12~24W。电表在开始转动的时候，由于原动力矩与机械阻力相差不大，准确度是不高的。一只 10A 的电表只能在负载为 110~2200W 时，才能达到计量准确的目的。目前一般家庭的用电瓦数均不超过这个范围，如果电表的铭牌电流超过 10A 时，就达不到计量标准的目的。

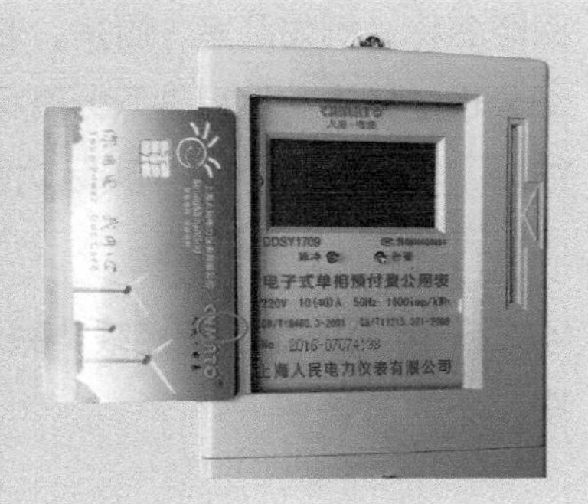

5. 电表铭牌及型号含义

电表铭牌上通常会有额定电压、额定频率、额定电流、额定最大电流、电源频率准确度等级、电表常数等参数。

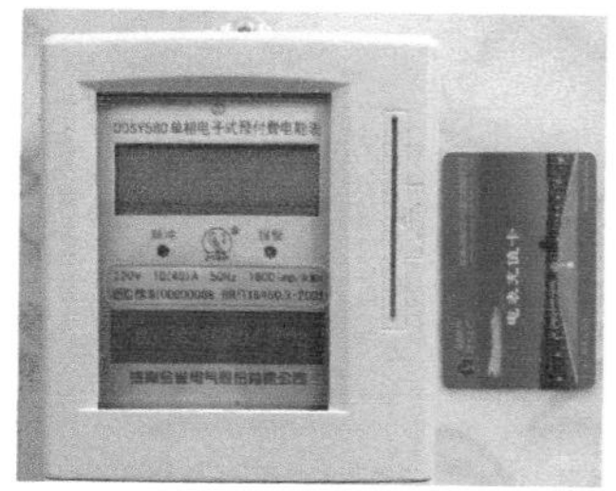

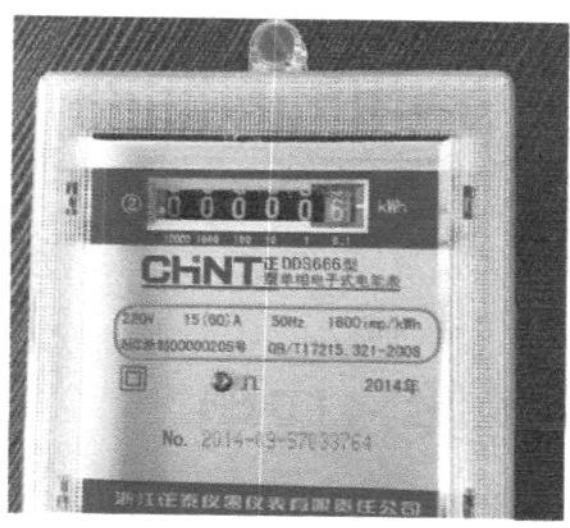

电表铭牌参数含义

参数名称	含义
额定电压	○ 交流单相电表的额定电压为 220V，电表铭牌上的额定电压应与实际电源电压一致
额定频率	○ 额定频率一般为 50Hz
额定电流	○ 也叫标定电流，它表示电表计量电能的标准计量电流 ○ 常见的额定电流有 1A、2A、2.5A、3A、5A、10A、15A 和 30A 等
额定最大电流	○ 表示电表能长期正常工作，误差和温升完全满足需求的最大电流值 ○ 额定最大电流不能小于最大实际用电负荷电流
电源频率准确度等级	○ 表示的是读数误差，如电表铭牌上标示为 2.0 级，说明电源频率准确度等级读数误差小于 ±2%
电表常数	○ 表示的是在额定电压下每消耗一千瓦时电电表的转数，例如电表铭牌上标明 360r/kW · h，说明每消耗一千瓦时电电能表铝盘转 360 圈（1kW · h=1 度）

6. 电表安装错误原因

安装完成后通电检查电表是否工作正常。如有不转、反转和误差过大等现象，应予以排除。造成这些故障的原因，大多数是接线错误；造成反转的原因，除接反外，也可能是负载失常。

Tips 使用一段时间后应进行核对

电表在投入使用一段时间后应进行计算核对。有时接线虽然错误，单从电度表的运行状态上很难观察出来，这就要根据负载的功率、功率因素和工作时间进行计算，将计算结果与电表读数进行对比，以便确认电表的可靠运行。

7. 电表的安装与验收

① 电表应安装在不易受震动影响的墙面上，距离地面应在 1.7 ~ 2.0m 之间。

② 安装电表的场所应整洁、干燥、无强磁场，并尽量在明显的地方，以便于读数。

③ 电表应垂直安装，容许偏差不超过 2°。

第五节 灯具

1. 照明光源的种类及应用

照明光源不仅要满足照明方面亮度的需求，同时还需能够起到烘托氛围、为空间增加色彩的作用。目前市面上室内常用的照明光源有白炽灯、卤钨灯、荧光灯、LED 灯等多种类型。

照明光源的种类

名称		制作原理	分类	特点
白炽灯		○ 又叫做钨丝灯泡，灯丝是钨丝制成的，在发光过程中，钨丝不断地被高温蒸发，会逐渐变细至断开	○ 可分为真空灯泡（40W 以内）和真空充气灯泡（40W 以上） ○ 后者比前者使用寿命要长 1/3 左右	○ 价格低且实用性强 ○ 发光效率低，寿命短，灯泡易发黑 ○ 使用寿命与钨丝承受的温度有关，因此白炽灯的功率越大，寿命就越短
卤钨灯		○ 也叫作卤素灯，是在白炽灯基础上改进技术生产的照明光源，其发光原理与白炽灯相同，其灯泡内除了被充入气体外，还充入了卤族气体及其卤化物	○ 碘钨灯、溴钨灯，溴钨灯的光效高于碘钨灯	○ 与白炽灯相比体积小、效率高且集中，更便于光的控制，解决了灯泡易发黑的问题，使用寿命是白炽灯的 1.5 倍 ○ 卤钨灯发光热量高，容易导致周边温度升高，必须安装在专用的隔热金属灯架上，不能安装在木灯架上

续表

名称		制作原理	分类	特点
荧光灯		○ 即低压汞灯，也称为日光灯，是利用低气压的汞蒸气在通电后释放紫外线，从而使荧光粉发出可见光的原理发光，因此它属于低气压弧光放电光源，用稀土元素三基色荧光粉制作的荧光灯即为节能荧光灯，同一功率下，比白炽灯节能 80%	○ 常用的荧光灯按照直径分类有 T4、T5、T8、T10、T12 五种，按照形状可分为直管形和环形两类，其中环形有 U 形、双 H 形、球 形、SL 形、ZD 形等	○ 可以生产出各种大小、长度和颜色，多作为暗藏灯带使用 ○ 荧光灯必须配合镇流器一起使用 ○ 使用寿命长，发光效率比白炽灯高约 3 倍，光线柔和、发光面积大、亮度高、炫光小、不装灯罩也可使用 ○ 闪频严重，对眼镜伤害大，不能频繁开关
LED 灯		○ LED 为发光二极管，是一种能够将电能转化为可见光的固态的半导体器件，它可以直接把电转化为光，用它制成的光源即为 LED 灯，是目前最新型的节能灯	○ LED 灯可分为灯泡和灯带，前者用于灯具，后者多为彩色，用于制作暗藏灯带	○ 体积小、重量轻、亮度高、耗能低、寿命长、安全性高、色纯度高、维护成本低、环保无污染

2. 节能灯的选购

目前家居中使用的照明光源以节能灯和 LED 灯为主，好质量的光源不仅使用起来非常安全，也省去了经常更换光源的麻烦，选购时不能贪便宜。

建材选购要点

要点	说明
品牌	○ 首选知名品牌，购买时要确认产品包装完整，标志齐全
注意功率	○ 一般厂商会在包装上列出产品本身的功率及对照的光度相类似的钨丝灯泡功率。比如“15W → 75W”的标志，一般指灯的实际功率为 15W，可发出与一个 75W 钨丝灯泡相类似的光度
能效标签	○ 国家目前对节能灯具已出台能效标准，能效标签是平均寿命超过 8000h 以上的节能灯产品才可以获得
电子镇流器的技术参数	○ 镇流器是照明产品中的核心组件，国家标准规定了镇流器的能效限定值和节能评价值

续表

要点	说明
选颜色	◎ 可根据个人喜好选择与家居设计相匹配的灯光颜色
通电检查	◎ 灯管在通电后，还应该注意一下，荧光粉涂层厚薄是否均匀，这会直接影响灯光效果

3. 灯具种类及应用

现在的灯具也被叫做灯饰，已经不仅仅是一种照明工具，更是室内装饰不可缺少的软装。不同款式的灯具能够美化环境、增添艺术品位。灯具的种类繁多，目前较常见的有吊灯、吸顶灯、壁灯、台灯、落地灯、筒灯和射灯等。

吊灯

吸顶灯

壁灯

台灯

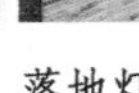

落地灯

筒灯

射灯

灯具的种类

名称		特点	分类
吊灯		◎ 所有垂吊下来的灯具都归入吊灯类别种类、造型繁多，是所有灯具中装饰性最强的一种 ◎ 适合做主灯，提供整体照明，长链的、华丽的款式适合用在客厅及餐厅中；如果卧室及书房高度足够，可以用一些简单的款式 ◎ 安装要求底部至少离地 2m，层高低于 2.7m 的居室不适合安装吊灯	◎ 欧式烛台吊灯、中式吊灯、水晶吊灯、羊皮纸吊灯、时尚吊灯、锥形罩花灯、尖扁罩花灯、束腰罩花灯、五叉圆球吊灯、玉兰罩花灯、橄榄吊灯等

续表

名称		特点	分类
吸顶灯		○ 灯具上部较平，紧靠屋顶安装，像是吸附在屋顶上，所以称为吸顶灯 ○ 安装简易，款式简洁，具有清朗明快的感觉，适合房高低矮的户型做主灯 ○ 光源以白炽灯和日光灯为主 ○ 直径 200mm 左右的吸顶灯适合安装在过道、卫浴间和厨房中；直径 400mm 以上的吸顶灯适合较大面积的空间	○ 方罩、圆球、尖扁圆球和椭圆形等
壁灯		○ 固定在墙面和柱面上的灯具，属于局部点缀辅助光源 ○ 照明度不宜过大，这样更富有艺术感染力 ○ 多用于床头、梳妆台、走廊、门厅等处 ○ 壁灯安装的位置应略高于站立时人眼的高度	○ 吸顶式、变色壁灯、床头壁灯、镜前壁灯
台灯		○ 台灯是可以随意移动的灯具，属于局部点缀辅助光源 ○ 它把光线集中在一小块区域中，便于学习、工作和阅读 ○ 造型千变万化，具有很强的装饰性多采用白炽灯或节能灯做光源	○ 工艺台灯、学习台灯 ○ 工艺台灯强调装饰性；学习台灯主要用于阅读和书写
落地灯		○ 落地灯与台灯的特点类似，但是竖杆更长，可以直接放在地面上 ○ 适合放在沙发、茶几旁边 ○ 既可以作为一个小区域的主灯，又可以与其他光源配合做出环境光色变化，同时还是装饰品	○ 上照式落地灯、直照式落地灯和造型式落地灯

续表

名称		特点	分类
筒灯		◎ 筒灯是一种起到辅助照明作用的点光源 ◎ 如果追求个性，也可以同时安装多盏筒灯取代吊灯、吸顶灯等做主灯使用	◎ 按照造型可分为：单头筒灯、多头筒灯 ◎ 按照安装方式可分为：明装筒灯和暗装筒灯
射灯		◎ 射灯也属于辅助照明的点光源，它可以将光源集中照射于某处，起到突出，强化设计的作用 ◎ 射灯带有灯架，可随意调节照射的角度和位置 ◎ 可悬挂安装在天花板或家具横板上	◎ 单头射灯、轨道射灯

4. 灯具的选购

灯具具有不可忽视的装饰作用，对整体装饰效果有着重要影响。同时它的质量也关系着使用的安全性和持久性，不可忽视。

建材选购要点

要点	说明
外观	◎ 看灯体表面是否有发黑、生锈、刮花、少漆、掉漆、漏漆、流漆、污垢等缺陷
五金件	◎ 仔细检查五金部件有无变形、毛刺等
品牌	◎ 最好选用正规专业厂家的产品
面罩	◎ 面罩多为塑料罩、亚克力罩和玻璃罩。其中最好的是亚克力罩，柔软、轻便、透光性好、不易被染色，透光性可达 90% 以上
选颜色	◎ 灯具的色彩应与室内的其他部分色彩相协调，包括窗帘、家具、地毯等
搭配	◎ 灯具的材质、样式、光照度均应与室内整体装饰风格相统一，如简约风格选择宜造型简洁的、无色系的灯具等
标志	◎ 应有 3C 认证标志，并详细询问售后服务、年限等

5. 灯具的安装与验收

① 重量超过 1 kg 的灯具应设置吊链，重量超过 3 kg 时，应采用预埋吊钩或螺栓方式固定	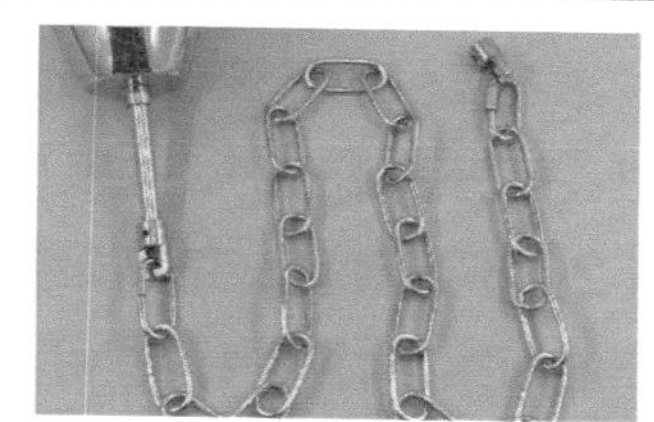
② 荧光灯作光源时，镇流器应装在相线上，灯盒内应留有余量	
③ 以白炽灯作光源的吸顶灯具不能直接安装在可燃构件上；灯泡不能紧贴灯罩；当灯泡与绝缘台之间的距离小于 5 mm 时，灯泡与绝缘台之间应采取隔热措施	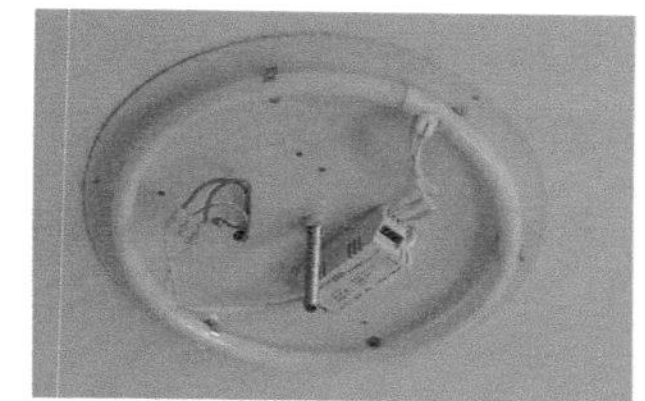
④ 同一空间成排安装的灯具，其中心线偏差不应大于 5 mm。	
⑤ 灯具固定应牢固。每个灯具固定用的螺钉或螺栓不应少于 2 个	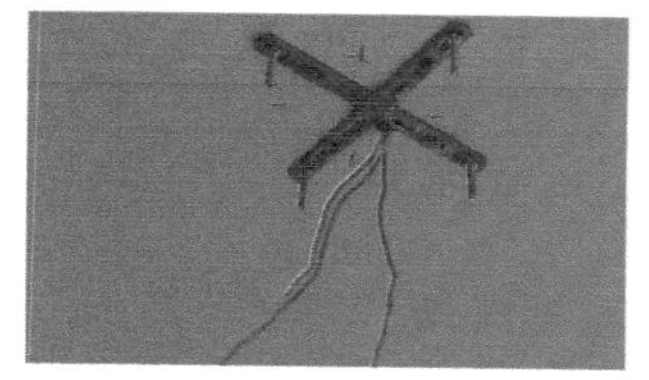

6. 灯具的养护

灯具也需要定期清洁和保养，才能保持亮度、延长使用寿命。灯罩因蒙尘而日渐昏暗，若没有及时处理，平均一年会降低约 30% 的亮度。因此，定期清洁灯罩、灯管或灯泡就尤为重要。

（1）灯管出现问题及时更换

按标志提供的光源参数及时更换老化的灯管，发现灯管两端发红、灯管发黑或有黑影、灯管跳不亮时，应及时更换。

（2）不要随意改变灯具结构

在清洁维护时不要改变灯具的结构，也不要随便更换灯具的部件，在清洁维护结束后，应按原样将灯具装好，不要漏装、错装灯具零部件。

（3）不要频繁开关

在使用灯具时尽量不要频繁地开关，灯具在频繁启动的瞬间，通过灯丝的电流都大于正常工作时的电流，使得灯丝温度急剧升高、加速升华，从而会大大减少其使用寿命。

（4）精心保养

房间的灯管要经常用干布擦拭，并注意防止潮气入侵，以免时间长了出现锈蚀损坏或漏电短路的现象；灯具如果为非金属，可用湿布擦，以免灰尘积聚，影响照明效果。

防潮是灯饰保养的关键所在。灯具最好不要用水清洗，只要以干抹布蘸水擦拭即可，若不小心碰到水要尽量擦干，切忌在开灯之后用湿抹布擦拭。

第六节〉水管

1. 给水管的种类

给水管是运输饮用水的水管，常用的给水管有铝塑复合管、PP-R 水管、铜管、镀锌铁管和不锈钢管等，家庭中使用较多的是前三种。

给水管的种类

名称		特点	连接方式
铝塑复合管		○ 又叫做铝塑管，是由中间纵焊铝管、内层聚乙烯塑料、外层聚乙烯塑料以及隔层以热熔胶黏结而成的 ○ 同时具有塑料抗酸碱、耐腐蚀的特点和金属坚固、耐压的特点 ○ 具有良好的耐热性和可弯曲性	○ 卡压式（冷压式）、套式（螺纹压紧式）、螺纹挤压式

续表

名称		特点	连接方式
PP-R 水管		○ 又叫三型聚丙烯管或无规共聚聚丙烯管 ○ 具有节材、环保、轻质、高强、耐腐蚀、内壁光滑不结垢、施工和维修简便、使用寿命长等优点 ○ 采用热熔连接，最大限度地避免了渗漏问题 ○ 缺点是耐高温性和耐压性较差，过高的水压和长期工作温度超过 70℃也容易变形 ○ 长度有限，不能弯曲施工，如果管道过长就需要大量的接头	○ 热熔连接
铜管		○ 具有良好的卫生环保性，能够抑制细菌的生长，99% 的细菌进入铜管 5 小时后会被杀死 ○ 耐腐蚀、抗高低温性能佳、强度高、抗压性能好、不易爆裂、使用寿命长 ○ 价格高且加工难度较大，目前国内仅少数高档小区使用	○ 卡套、焊接和压接
镀锌铁管		○ 比较老式的水管，现在很少使用 ○ 易生锈、易积垢，使用几年后会严重危害人体健康 ○ 不保温，容易冻裂	○ 焊接连接、卡箍沟槽连接、法兰连接
不锈钢管		○ 主要用于水输送，是最好的直接饮用水输送水管 ○ 与铜水管相比，不锈钢水管的通水性好，保温性是其 24 倍 ○ 耐高温、耐高压、经久耐用 ○ 内壁光滑，不会积垢，节能环保，漏水率很低，不容易被细菌污染	○ 挤压式连接、扩环式连接、焊接、插合自锁卡簧式连接等

2.PP-R 水管配件的应用

PP-R 水管的管件是整个给水管路的重要组成部分，常用的包括弯头、三通、直通、过桥弯管、阀门、丝堵、活接、管卡等，主要作用是连接管路或截止水路运行。

PP-R 水管配件的种类

名称		作用	类型
弯头		○ 弯头属于连接件 ○ 可以连接相同或不同规格的两根 PP-R 管 ○ 可以连接 PP-R 管与外牙、水表、内牙等配件	○ 异径弯头、活接内牙弯头、带座内牙弯头、90° 弯头、45° 弯头、90° 承口外螺纹弯头、90° 承口内螺纹弯头、过桥弯头等
过桥弯管		○ 当两路水路交叉时，需要进行桥接，其中一路用过桥弯管来连接，弯曲的部分放置在上层，避免直接交叉	○ 圆角过桥弯管、尖角过桥弯管
三通		○ 三通为水管管道配件、连接件，又叫管件三通、三通管件或三通接头，用于三条等径或不等径管路汇集处，主要作用是改变水流的方向	○ 等径三通、异径三通、承口内螺纹三通等
直通		○ 主要起到连接作用，用来连接管路和阀门，塑料的一端与管体连接，金属的一端连接金属管件	○ 内丝直通、外丝直通、等径直通、异径直通
阀门		○ 安装在管路中，主要用来截止水路或改变水路方向，在家庭中主要作用为方便维修管路	○ 截止阀、球阀等
丝堵		○ 丝堵是用于管道末端的配件，起到密封作用，在安装龙头等配件之前，防止水路泄漏或遭到装修粉尘污染	○ 内丝、外丝
活接		○ 使用活接方便在阀门损坏时更换，如果不使用活接，一旦阀门出现问题，只能锯掉管路重新连接	○ 内牙活接、外牙活接、等径活接
管卡		○ 用来固定管路的配件，在管路敷设完成后，将管路固定在墙上或地上，防止晃动	○ 无

3.PP-R 水管与配件的选购

水管的质量是至关重要的，它不仅关系着饮水的健康，还关系着安全性。如果购买了质量不佳的水管和管件，使用一段时间后水路容易漏水甚至爆裂，带来无穷的麻烦。

建材选购要点

要点	说明
外观	○ 白色的 PP-R 水管和管件为乳白色而不是纯白色，着色应均匀，内外壁均比较光滑，无针刺或小孔
厚度	○ 管壁厚薄应均匀一致
韧性	○ 捏动感觉有足够的韧性，用手挤压应不易变形
气味	○ 好的水管和管件材料是环保的，应无任何刺激性气味
观察断茬	○ 茬口越细腻，说明管材均化性、强度和韧性越好
管壁信息	○ 管壁上应印有商标、规格、厂名等信息
透明度	○ 管壁越透明的质量越不好。可以拿一节样品，一端靠近眼睛，用手堵住另一端，在管壁上方移动手掌，看是否有黑影
检验报告	○ 索取管材的检测报告及其卫生指标的测试报告，以保证使用的健康

Tips　PP-R 管的色彩与质量好坏无关

PP-R 管除了白色外，还有如绿色、咖喱色等多种彩色管材和管件，彩色重并不代表质量不佳，是在生产过程中添加了不同颜色的着色剂制成的，只要色彩柔和、亚光且符合质量要求的均为好质量的管材。

4. 给水管的安装与验收

① 管线尽量与墙、梁、柱平行，成直线走向，距离以最短为原则	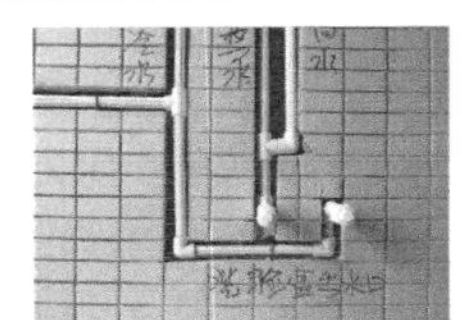
② 顶部排管需要安装管卡，并套上保温套	

③ 墙槽排管需横平竖直，若管线需要穿墙，单根水管的洞口直径不能小于 50mm，若两根同时穿墙，分别打孔，间距不能小于 150mm	
④ 冷、热水管安装一般为左热右冷，间距为 150mm	
⑤ 给水管安装完毕后，需进行打压测试。试验应至少测试 1 小时，在测试过程中，如果压力下降明显，需检查管件与管体的接头有无渗水现象，如果发现渗水应及时修补	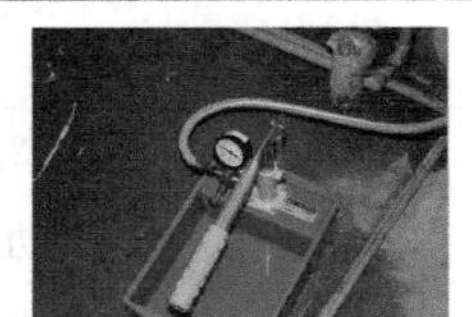

Tips 打压试验需进行两次

打压测试在验房时和施工后应分别进行一次，验房时进行是为了确认原有管道有无泄漏，若有问题，则请与物业解决后再施工，以免责任不清。

5.UPVC 排水管与配件的应用

家庭排水管道，现多使用新型的 UPVC（硬聚氯乙烯）管道，和传统的管道相比，具有重量轻、耐腐蚀、耐酸碱、耐压、水流阻力小、安装迅捷、造价低等优点。

UPVC 排水管的管件包括直接、直落水接头、四通、三通、弯头、存水弯、伸缩节、检查口、管帽、管卡等。

UPVC 水管配件的种类

名称		作用	类型
直落水接头		○ 主要作用为连接管路以及用于管路透气、溢流、消除伸缩余量	
四通		○ 连接件，作用与三通类似，不同是四通能够同时连接四根管路	○ 普通四通、立体四通
三通		○ 起到连接作用，用来连接三个等径的管道，改变水流的方向	○ 正三通、左斜三通、右斜三通、瓶型三通
弯头		○ 用于管道转弯处，连接两根直径相等的管子	○ 90° 弯头、45° 弯头、异径弯头、U 形弯头

续表

名称		作用	类型
存水弯		○ 在内部能形成一定高度的水柱，能阻止排水管道内各种污染性气体以及小虫进入室内	○ S 形存水弯、P 形存水弯
伸缩节		○ 用于卫生间横管与立管交叉处的三通下方，为了防止排水主管路与支路的接头部分因热胀冷缩而发生变形、开裂的情况	
检查口		○ 通常安装在立管处和转水弯处，在管道有堵塞时可以将盖子拧下，方便疏通管道	○ 45° 弯头带检查口、90° 弯头带检查口、立管检查口等
管帽		○ 起到封闭管口、保护管道的作用	
管卡		○ 将管路固定在顶面和墙面上的固定件，避免管道晃动	○ 吊卡、立管卡

6.UPVC 排水管的选购

不能因为 UPVC 管是排水管就忽视其质量问题，好的排水管能够减轻水流的阻力，让排水更顺畅，同时可以保证使用期限内的安全，避免使用过程中发生渗漏、开裂。

建材选购要点

要点	说明
执行标准	○ 一定要选择执行国标的产品，执行企业标准的质量不如执行国标的好
颜色	○ 颜色应为乳白色且均匀，而不是纯白色，质量差的 UPVC 排水管颜色或为雪白，或有些发黄，有的颜色还不均匀
韧性	○ 应有足够的刚性，用手按压管材时不应产生变形；将管材锯切成条后，将其弯折 180°，越难折断的说明韧性越大
抗冲击性	○ 在室温接近 20℃时，锯下 20mm 长的管材，用锤子猛击，越难击破的越好
品牌	○ 应选择有信誉的销售商或知名企业的产品，路边经销店的管材合格率较低

7.UPVC 排水管安装与验收

① 如果有排水立管，位置应该安排在污水和杂质最多的地方

② 排水立管与排出管端部的连接，应采用两个 45° 弯头或弯曲直径不小于管径 4 倍的 90° 弯头

③ 排水管不宜穿过卧室、厨房等对卫生要求高的房间，排水立管不宜靠近与卧室相邻的墙

④ 排水管道安装完毕后，应及时采用管卡固定。施工完成后，将管头安装堵头后，进行打压测试，确认没有渗漏

第七节 洁具

1. 卫浴洁具种类及应用

随着生活水平的提高，卫生间的装饰也越来越受人们的重视。洁具的发展也越来越多元化，无论是功能还是材质都不断创新，为生活提供了极大的便利和享受。

卫浴洁具的种类

名称		特点
洁面盆		○ 又叫洗手盆、面盆，其材质多样，有玻璃、陶瓷、不锈钢、人造石等种类，实用而具有装饰作用 ○ 安装方式分为台式面盆、立柱式面盆和挂式面盆三种 ○ 从造型上可分为圆形、椭圆形、长方形、多边形等
坐便器		○ 又称为抽水马桶，是取代传统蹲便器的一种洁具 ○ 按照造型可分为分体式和连体式两种 ○ 按照从冲水方式可分为虹吸式和直冲式

续表

名称	特点
妇洗器	 ◎是一种为女性专门打造的洁具用品，当不够时间淋浴，可快速地清洗局部 ◎也适合有痔疮、疹等疾病的人士使用 ◎包括台盆和水龙头两部分，龙头有冷水和热水，款式分为直喷式和下喷式
小便斗	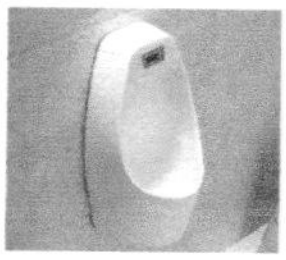 ◎是专供男士如厕使用的一种洁具 ◎按安装方式可以分为落地式（带感应器和不带感应器）和壁挂式（带感应器和不带感应器） ◎按用水量可以分为普通型（5L 以下）和节水型（3L 以下）
浴缸	 ◎浴缸并非必备的洁具，但却能让人放松一天的疲惫，适合摆放在比较宽敞的卫浴间中 ◎浴缸材质可分为亚克力、钢板、铸铁、陶瓷、仿大理石、玻璃钢板、木质等，亚克力、钢板、铸铁是主流产品，铸铁的档次最高，亚克力和钢板次之
淋浴房	 ◎淋浴房能够实现卫浴间的干湿分离，提升卫生性，让卫浴间变得更易清洁 ◎常见的造型有方形、圆形、扇形、钻石形等 ◎安装淋浴房比浴缸省空间，淋浴房的款式和功能也越来越多，例如按摩、预约功能以及电脑蒸汽房等
水龙头	 ◎水龙头是每天都要使用数次的洁具，好坏直接影响生活质量 ◎常见的材料有金属、陶瓷、合金等 ◎开合方式有扳手式、感应式、按压式等多种 ◎阀芯材质有铜、陶瓷和不锈钢三种，不锈钢阀芯对水质要求低、经久耐用，更适合国内水质
花洒	 ◎花洒是卫浴间中使用频率非常高的一种洁具 ◎按照使用方式可分为手提式花洒、头顶花洒和体位花洒等 ◎按照出水方式可分为一般式、按摩式、涡轮式、强束式和轻柔式等

2. 卫浴洁具的选购

洁具是使用频率很高的家居设备，长期与水打交道，所以易清洁性能是非常重要的，购买时不要贪便宜，应仔细地检查质量，尤其是陶瓷制品，釉面是非常重要的。除此之外，洁具的款式和颜色还应与卫浴间的风格相协调。

欧式风格

美式风格

中式风格

简约风格

建材选购要点

名称	选购方式
面盆	○ 陶瓷面盆釉面应光滑、细腻，逆光看无小的砂眼和瑕疵
	○ 玻璃面盆必须是钢化玻璃，且厚度不能小于 3mm
	○ 人造石面盆的选择方式可参考人造石的选购方法
坐便器、妇洗器、小便斗	○ 釉面应光洁、细腻、易清洁，可以在釉面上滴几滴带色的液体，并擦匀，数秒钟后用湿布擦干，再检查釉面，以无脏斑点的为佳
	○ 把手伸进排污口，摸返水弯是否有釉面，合格的釉面一定是手感细腻的，可重点摸釉面转角的地方，粗糙说明不均匀，易结垢
浴缸	○ 购买钢板浴缸时最好选添加了保温层的款式
	○ 铸铁浴缸表面搪瓷应光洁，如有细微的波纹，说明质量不佳
	○ 好质量的亚克力浴缸面层应结合紧密，表面光洁平整，没有明显的凹凸，轻轻敲击没有空洞声
	○ 实木浴缸容易漏水，可倒水测试
	○ 浴缸的尺寸要符合人的体形，可以躺进去试一下背部、腿、腰线等的舒适程度
淋浴房	○ 淋浴房的主材为钢化玻璃，正品的钢化玻璃仔细看应有隐隐约约的花纹
	○ 主骨架铝合金厚度最好在 1.1mm 以上，这样门才不易变形
	○ 门的滚珠轴承一定要开启灵活；五金必须圆滑且为不锈钢材质
水龙头	○ 表面镀层应光洁均匀，无毛刺、气孔、氧化斑点等瑕疵；连接件接缝处应紧密无松动感
	○ 手柄应转动灵活轻便，无阻塞滞重感
	○ 好的龙头应有安装尺寸图和使用说明书

第八节 水电改造常见问题解析

1. 电路改造常见问题

（1）插座、开关的适合高度是多少？

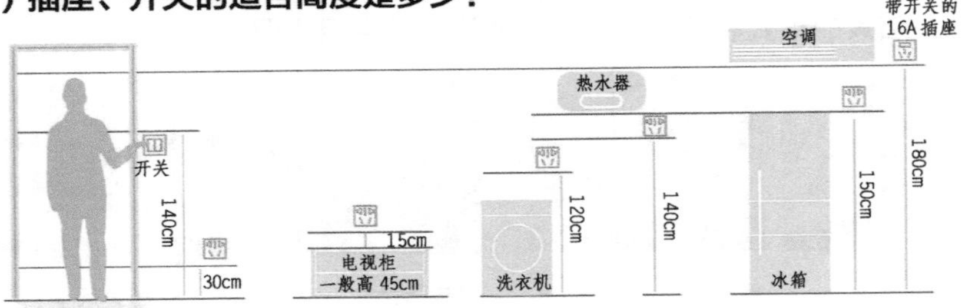

在住宅中，一般情况下，插座距离地面应为 300 ~ 350mm；若不使用安全插座且家中有小孩，安装高度不应小于 1800mm。开关距离地面一般为 1500 ~ 1800mm，可随着人的身高做调整。详细见下表。

客厅、卧室等空间	◎ 开关离地面一般在 1200 ~ 1400mm 之间，与成人的肩膀一样高
	◎ 视听设备、台灯、接线板等墙上插座一般距地面 300mm
	◎ 在电视柜下面的电视插座距地面 200 ~ 250mm，在电视柜上面的电视插座距地面 450 ~ 600mm，壁挂电视距地面高度为 1100mm
	◎ 床头插座与双控持平，离地 700 ~ 800mm；电脑和其他桌上面的插座离地 1100mm
	◎ 空调、排气扇等的插座距地面为 1800 ~ 2000mm
	◎ 弱电插座一般为离地 350mm 左右
厨房	◎ 冰箱插座适宜放在冰箱两侧，高插距地 1300mm、低插 500mm
	◎ 厨房台面插座距地 1250 ~ 1300mm
	◎ 挂式消毒柜的插座离地 1900mm 左右，暗藏式消毒碗柜的插座高度为离地 300 ~ 400mm
	◎ 吸油烟机插座高度一般为离地 2150mm 以上
	◎ 烤箱一般放在煤气灶下面，插座距地面 500mm 左右
卫生间	◎ 燃气热水器插座一般距地高 1800 ~ 2300mm；电热水器插座高度一般为离地 1800 ~ 2000mm
	◎ 卫生间插座高度一般为离地 1400mm 左右
	◎ 洗衣机的插座距地面 1000 ~ 1350mm，坐便器后插座距地面 350mm

（2）住宅回路数量具体怎么计算？

计算回路前，应先将所有计划使用的电器列出详单，尤其是功率高的电器，如烤箱、微波炉、空调等。

① 空调：室外机有几台就设几条专用回路，如一台分体式一拖二空调，只有一台室外机，就设置一条回路	
② 照明：如果没有高耗电的特殊灯具，除卫浴间的全室灯具可单独设计为一条回路，建议与插座回路分开	

③ 卫生间插座：插座、灯具和浴霸可共享一条带有漏电保护器的回路。如果有用电量超过 12A 的电热水器，则需单独设计一条专用回路	
④ 厨房插座：小型电器可共用一条回路；大功率的烤箱需单独一条专用回路；功率超过 2500W 的电器需设计一条专用回路；大的冰箱也可单独设计为一条专用回路	
⑤ 阳台插座：如果阳台有洗衣机，需要在插座回路上安装漏电保护器；若有烘干机等大功率电器，需增加一条专用回路	
⑥ 客厅与其他空间的插座：去除空调后，基本可以共用一条回路，但若插座数量超过一条回路的承载量，则需增加一条	

※ 所有厨房插座和卫浴间回路必须安装漏电保护器。

※ 回路与专用回路：回路是指许多电器或灯具共用的一条电路，专用回路是指一个电器单独使用的一条电路。

（3）线管拐弯处可以不用弯头么?

在电路改造施工中，有些工人会偷工减料，在遇到转弯处时不用弯头，这样施工更快速，还能节省材料，但在后期的使用中，一旦需要维修，就很难将电线抽出来更换，必须局部进行二次装修，既影响美观，还浪费资金。

（4）安装灯具时可以用木楔么?

木楔在使用一段时间后容易脱落，易发生危险，建议不要使用木楔安装灯具，最好使用金属材质的膨胀螺栓或胀塞。

（5）电路改造是如何计价的?

电路改造工程的计价方式有按“位”、按“米”和按“项”计价三种方式。相对来说，按“位”计价是最科学合理的，也是目前的主流计价方式。例如一个开关或插座算一位，空调、电视、网线等也是按“位”计算。具体价格没有统一标准，需自行根据所用材料来进行对比。

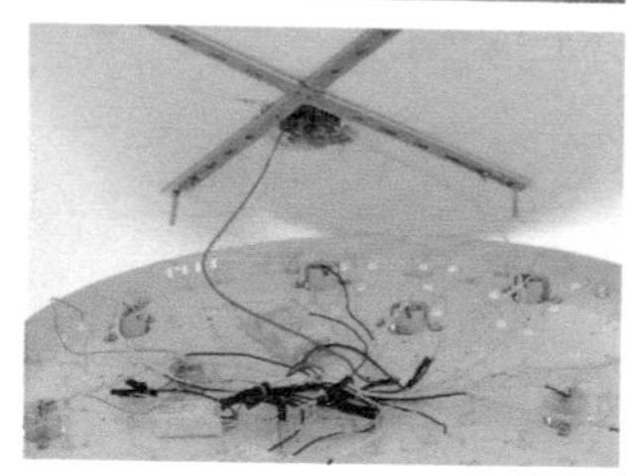

2. 水路改造常见问题

（1）水路施工最关键的一步是什么?

在水路改造中，最关键的一步是定位，即在确定了所有用水设备的尺寸后，用彩色粉笔或者黑色墨水笔在墙面上标示出所有的出水口、排水口的位置。定位前需对所有设备的型号、入水口、出水口的高度等做到心中有数，否则后期容易安装不上。

水路定位要求

序号	要求
1	◎ 应严格遵守设计图纸的走向进行定位和施工，要求精准、全面、一次到位
2	◎ 需清楚预计使用的洁具（包括洗菜盆、面盆、坐便器、小便器、浴缸、污水盆等）的类型以及给、排水方式，例如面盆是柱盆还是台盆，浴缸是普通浴缸还是按摩浴缸等
3	◎ 清楚热水器的数量，热水器的型号、要求的给水口和排水口位置、方式及尺寸
4	◎ 明确冷、热管道的位置与数量，有无使用的特殊需求
5	◎ 地漏的位置及数量
6	◎ 定位字迹需清晰、醒目，应避开需要开槽的地方，冷、热水槽应分开标明。

（2）为什么刚装修完下水道就堵塞了?

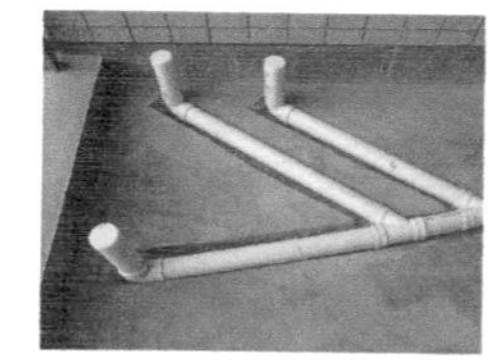

多数下水道堵塞的原因是在施工中，一些工人为了省力，将建筑垃圾倒入了下水道中，或者在施工前没有将下水道口保护起来，导致水泥、砂石等进入了下水道。为了避免这种情况，在水路改造完成后，应在面盆、浴缸内注满水，看下水道是否畅通，没有问题才算通过。并将下水道口用管帽保护起来，避免后期施工时落入杂物。

（3）铺设 PP-R 管时有什么注意事项？

PP-R 管线敷设不得靠近电源，与电源的最短垂直距离不能小于 200mm。管线与洁具连接应严密，经通水试验后应无渗漏，若有渗漏必须重新做防水。

（4）水路管线敷设应走顶、走墙还是走地？

水路管线敷设有顶排、墙排、顶排加墙排和地排加墙排四种方式，分别适合不同的情况。

名称	特点
顶排	 ◎ 便于维修，管路都在吊顶上方，发现问题可以及时修理，不用砸墙或者破坏现有的装饰，非常方便 ◎ 造价相对较高，不适合高层，容易压力不足
墙排	 ◎ 管路安装较难，但用料最少 ◎ 发生漏水维修容易，且漏水容易发现，一般不容易造成重大损失
顶排 + 墙排	 ◎ 墙面开槽对横向距离有规定，如果超出半米很容易破坏抗震性，所以在布管时，可以选择将顶面排列和墙面排列方式结合起来，主要部分从顶面走线，到卫生器具的出水口位置时，可以竖向走墙
地排 + 墙排	 ◎ 非常不建议采用的方式，电线管主要是从地面布线的，如果水电线路交叉，一旦发生渗漏后果将十分严重 ◎ 厨房和卫浴间地面会铺瓷砖，使用厚实的砂浆，会对管路造成压迫，长时间后就容易发生爆裂

（5）水管铺设完毕后，槽线需要封闭么？

水路管线铺设并检验完毕后，表面应做封槽处理。用 1∶2 的水泥将槽线填满，这一环节就是“封槽”，目的是将管线与后期铺地板或铺砖所用的干砂隔开，防止水管的热胀冷缩造成瓷砖空鼓。电路改造同样需要这一步骤，操作和要求均相同。

第三章 瓦工材料

第一节 瓦工辅料

1. 瓦工辅料的种类及应用

瓦工辅料主要为水泥、沙子、砖、填缝剂和钉子，是室内装饰工程不可缺少的材料。

瓦工辅料的种类

名称	类型		特点
水泥	普通硅酸盐水泥		○ 多用于毛坯地面、墙面找平，砌墙、铺砖等，还可直接作为饰面材料使用
	白色硅酸盐水泥		○ 用于室内瓷砖铺设后的勾缝 ○ 缺点是勾缝易脏，所以逐渐被填缝剂代替
	彩色硅酸盐水泥		○ 在普通硅酸盐水泥中加入各种金属氧化物制成的，使其有了各种色彩，装饰性较好
沙子	规格分类：细砂、中砂和粗砂 来源分类：海砂、山砂和河砂		○ 也叫砂子，是调配水泥砂浆的重要原料 ○ 装修通常使用中砂大小的河砂
砖	红砖		○ 有一定的强度、耐久性强、保温绝热、隔音、价格低 ○ 原料为黏土，大量消耗土地资源，已被国家禁止

续表

名称	类型		特点
砖	青砖		○我国独有的一种砖，具有复古韵味 ○原料同为黏土，制作比红砖复杂，能耗高、产量少、价格高，已基本被淘汰
	水泥砖		○是利用粉煤灰、煤渣、煤矸石、尾矿渣等一种或数种作为原料，用水泥做凝固剂，不经高温煅烧而制造的一种新型砖 ○自重较轻，强度较高，比较环保 ○缺点是与抹面砂浆结合不如红砖，容易在墙面产生裂缝
	灰砂砖		○以砂和石灰为主要原料，压制成型、经高压蒸汽养护而成的砖 ○适用于多层混合结构建筑的承重墙体
			○粉煤灰砖：以粉煤灰、石灰为主要原料，压制成型，高压或常压蒸汽养护制成的砖 ○用于民用建筑的墙体和基础
	烧结页岩砖		○一种新型墙材，可用于砌筑承重墙 ○与普通烧结多孔砖相比，具有保温、隔热、质轻、强度高和施工效率高等优点，可减少墙体的自重，节约基础工程费用
填缝剂	无沙填缝剂（勾缝剂）		○适用于宽度为 1 ~ 10mm 的砖缝
	有沙填缝剂（勾缝剂）		○使用宽度大于 10mm 的砖缝

续表

名称	类型	特点
钉	圆钉	○ 也叫铁钉，头部为圆扁形，下身为光滑圆柱形，底部为尖形 ○ 主要用于木质结构的连接
	麻花钉	○ 钉身如麻花状，头部为圆扁形，十字或一字头，底部为尖底 ○ 适用于需要着钉力很强的地方，如抽屉、木龙骨吊顶的吊杆处等
	拼钉	○ 两头都是尖状，中间为光滑的表面 ○ 适合用于木板拼合时做销钉用
	水泥钢钉	○ 外形与圆钉类似，头部略厚 ○ 坚硬、抗弯，可以直接钉进混凝土和砖墙内
	木螺钉	○ 又叫做木牙螺钉，与其他钉子相比更容易与木料结合 ○ 多用于金属或其他材料与木料的结合中
	码钉	○ 与订书钉相类似，一般是用镀锌铁丝做成的，是气动枪钉的一种 ○ 主要用来连接、固定两块板材
	纹钉	○ 主要用于基层饰面板的固定，需要配合纹钉枪使用
	铜纹钉	○ 全铜质，非常细小，无钉头，钉孔小，用于基层饰面板的固定

续表

名称	类型		特点
钉	自攻螺钉		○ 硬度高、价格低，比其他钉子能更好地结合两个金属件，多用于金属构件的连接
	射钉		○ 需要与气钉枪配合使用，美观性较好，补腻子后看不见钉眼 ○ 多用于木质工程的施工
	螺栓		○ 有塑料和金属两种 ○ 适用于各种墙面、地面锚固建筑配件和物体

2. 瓦工辅料的选购

辅料的用量是比较大的，如果所用材料的质量不佳，可能会引起开裂、脱落等问题。虽然辅料看起来不起眼，对其质量也应引起足够的重视。

建材选购要点

名称	选购方式
水泥	○ 外观包装应带有注册商标、产地、生产许可证编号、执行标准、包装日期、袋装净重、出厂编号、水泥品种等
	○ 水泥也有保质期，超过出产日期 30 天，储存三个月后强度下降 10% ~ 20%，一年后降低 25% ~ 40%，因此保质期在一年以内为佳
	○ 水泥粉的颗粒越细，硬化越快、强度越高；如果有结块现象，证明已受潮
沙子	○ 选择杂质少，比较干净的河砂

Tips 家用水泥并不是强度越大越好

普通硅酸盐水泥的强度等级分为 32.5、32.5R、42.5、42.5R、52.5、52.5R、62.5、62.5R 八个等级，每一种水泥标号都有其适用范围，不能单纯地认为越高越好。像 525 水泥虽然强度更大，但也干得更快，若用于砌墙，墙体开裂的概率也会更高，因此 325 或 425 水泥就能满足装修的需求。

第二节 胶凝材料

1. 胶凝材料的种类及应用

胶凝材料就是胶水，是室内装修不可缺少的一种辅材。它的种类较多，在瓦工施工中常用的有瓷砖胶、云石胶和胶条等，此外还有木工胶、墙纸胶等。

胶凝材料的种类

名称		特点
瓷砖胶		○ 又叫做瓷砖黏合剂，主要用来粘贴瓷砖，可用于外墙和室内墙地面 ○ 黏结强度高、耐水、耐冻融、耐老化性能好及施工方便，有良好的柔韧性，能防止生产空鼓 ○ 瓷砖胶的黏结力是水泥砂浆的数倍，能有效粘贴大型的瓷砖石材
云石胶		○ 适用于各种石材间的黏结或修补石材表面的裂痕和断痕 ○ 性能的优良主要体现在硬度、韧性、快速固化、抛光性、耐候、耐腐蚀等方面 ○ 耐水性和耐久性不佳，因此多用于石材的修补，而不适合大面积的粘贴
胶条		○ 用于修补石材的孔隙和裂缝 ○ 可根据石材的颜色选择相应颜色的胶条，修补后再打磨
木工胶		○ 白乳胶：为乳白色黏稠液体，常温可固化、黏结强度较高、不易老化、能溶于水、价格低 ○ 用于木龙骨、木质基层以及饰面板的粘贴，还可用来粘贴壁纸，但凝固时间较长，需 12 小时

续表

名称		特点
木工胶		◎ 309 胶：即万能胶。凝固速度快、黏结强度高 ◎ 可用于木制品、塑料制品和金属面板的黏结
		◎ 地板胶：专用与木质地板材料的胶 ◎ 黏结强度高、硬度高、使用寿命长
墙面腻底胶		◎ 107 胶：最多的是用它和成水泥砂浆用来粘贴瓷砖，污染大，已经明令禁止使用
		◎ 108 胶：施工合易性好、黏结强度高、经济实用，可作为 107 胶的代替品
		◎ 熟胶粉：能溶于冷水，黏结力强，无毒无味 ◎ 适用于墙面腻子的调和和壁纸的粘贴
		壁纸胶：专门用来粘贴壁纸的胶 凝固速度快、黏结强度较好、阻燃、可溶于水

续表

名称		特点
玻璃胶		○是将各种玻璃与其他基材进行黏结和密封的材料 ○凝固需 6 小时左右，黏结强度高、弹性强、阻燃防水
其他胶凝材料		○防水密封胶：适用于门窗、阳台等处的防水密封
		○电工胶：电工专用，适用于电线套管的绝缘密封
防水涂料		○聚氨酯类：毒性大，不容易清除，现已禁止使用
		○聚合物水泥基：柔性与刚性结合为一体，抗渗性和稳定性佳，施工方便、工期短、环保无毒

2. 胶凝材料的选购

凝胶材料的使用量是比较大的，它的质量不仅关系着被黏结物的结实和美观程度，同时还关系着家居整体的环保性，不环保的胶对人体的危害是巨大的。

建材选购要点

要点	说明
性能	○根据胶黏剂的性能和适用范围，选择合适的类型
气味	○气味越小说明有害物质的含量越小
固化效果	○固化效果和黏结度越高越好，可以挤出少量试试看
品牌	○建议选择正规品牌产品，包装上应带有出厂日期、规格、型号、用途、使用说明、注意事项等，必须清晰齐全

第三节 釉面砖

1. 釉面砖的种类及应用

釉面砖又称为陶瓷砖、瓷片或釉面陶土砖，是一种传统的卫浴墙面砖。釉面砖色彩图案丰富，规格多，防渗，可无缝拼接、任意造型，韧度非常好，基本不会发生断裂现象，但耐磨性不如抛光砖。

釉面砖表面可以烧制各种花纹图案，风格比较多样，可以根据家居风格进行灵活选择。釉面砖的应用非常广泛，常用于室内厨房、卫浴等有防水需要的空间。

▲釉面砖铺贴效果

根据表面的光亮程度可分为亚光和亮光两类，亚光砖表面无光亮感，更时尚；亮光砖表面光亮，更便于清洁。

根据用料可分为陶制和瓷制两类。

名称		特点
陶制釉面砖		○ 由陶土制成，砖的背面为红色，吸水率较高，强度相对较低
瓷制釉面砖		○ 由瓷土制成，砖背面灰白色，是目前使用较多的一种釉面砖 ○ 相对陶制釉面砖来说质地紧密、易于清洁、孔隙小、吸水率较低、强度较高

2. 釉面砖的选购

建材选购要点

要点	说明
釉面	○ 好的釉面砖花色应清晰，用手轻摸手感应细腻、柔和；在砖的背面倒一些水，若不会渗透到砖的表面，说明质地细腻、品质高
外观	○ 站在距砖 1m 处观测，好的釉面砖不应有剥边、波纹、缺釉、棕眼、正面磕破等表面缺陷
声音	○ 捏住砖的一角将砖提起，用金属物轻轻敲击砖面，一般来说，声音清脆的砖质量较好；反之质量较差
平整度	○ 随意取两块砖，面对面地贴放在一块，再将砖相对旋转 90° ，如果砖面相贴紧密，无鼓翘，旋转后周边依然基本重合，就可以认为该釉面砖的方正度和平整度比较好
色差	○ 将几块同色号砖拼在一起，在光线下观察，好的产品色差小，砖体的色彩基本一致；色差大的则质量不佳
抗污性	○ 用黑色中性笔涂画砖体表面或滴深色液体，过几分钟擦去，痕迹越少的质量越好

3. 釉面砖运用实例

（1）根据面积挑选规格

釉面砖有较多的规格，在家装中釉面砖多用在厨房和卫浴间中，所以通常单片面积都不大，建议选择 300mm × 300mm 或 300mm × 600mm 的规格。若搭配腰线，更不建议选择过于花哨的款式。

▲ 卫浴间洗手池部分的面积较小，采用小尺寸的印花釉面砖整体比例更协调

（2）亚光釉面砖非常适于卫浴间

亚光釉面砖色彩淡雅，而且颜色种类丰富、防污能力强，非常适合用于卫浴间的墙地面铺设，如果空间不大则可选择小规格的品种。

▲ 两个卫浴间均采用了亚光质感的釉面砖装饰墙面和地面，使人感觉非常舒适

4. 釉面砖的施工与验收

① 施工前期：釉面砖在施工前要充分浸水 3 ~ 5 小时，浸水不足容易导致砖吸走水泥浆中的水分，从而使产品粘贴不牢；浸水不均衡则会导致瓷砖平整度差异较大，不利于施工	
② 施工中期：铺贴时，水泥的强度不能高于 4.0MPa（相当于 425 等级水泥），以免拉破釉面，产生崩瓷。另外，砖与砖之间需留有 2mm 的缝隙，以减弱瓷砖膨胀收缩所产生的应力。若采用错位铺贴的方式，需要注意在原来留缝的基础上多留 1mm 的缝	
③ 施工验收：可以用小锤在地面或墙面上全数轻轻敲击，不得有空鼓声。有排水要求的地砖铺贴坡度应满足排水要求，与地漏结合处应严密牢固	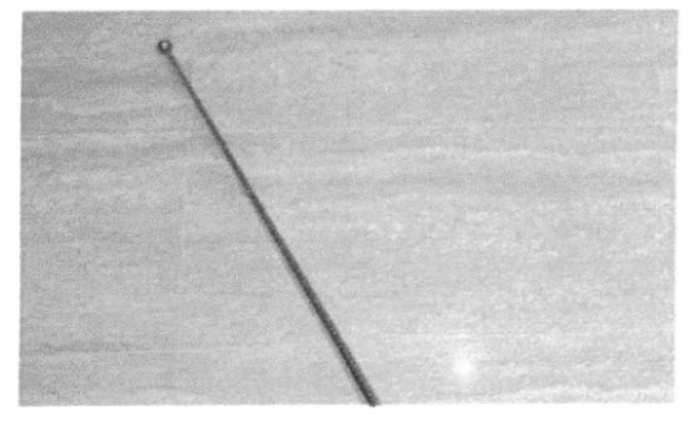

第四节 仿古砖

1. 仿古砖的种类及应用

仿古砖严格来说属于釉面砖的一种，与普通的釉面砖相比，差别主要表现在釉料的色彩上面。所谓仿古指的是砖的效果，实际上应该叫仿古效果的瓷砖。仿古砖仿造以往的样式做旧，用带着古典的独特韵味吸引着人们的目光，体现出岁月的沧桑、历史的厚重，通过样式、颜色、图案，营造出怀旧的氛围。

▲仿古砖铺贴效果

仿古砖款式众多，可以仿皮纹、岩石、木纹等，效果可以假乱真，装饰性能非常出色。除了效果仿古外，还有很好的防滑性能，且易清洁。

仿古砖可分为半抛釉仿古砖、全抛釉仿古砖、单色砖和花砖。

仿古砖的种类

名称		特点
半抛釉仿古砖		○ 呈现亚光光泽的半抛釉仿古砖用于墙面装饰效果更为出色
全抛釉仿古砖		○ 光亮程度高、耐污性好 ○ 更适合用于室内家居地面

续表

名称		特点
单色砖		○ 以单一颜色组成，色彩强调简洁不花哨 ○ 即使是一块砖体上，相同颜色也会具有不同的深浅变化
花砖		○ 色彩丰富，样式繁多 ○ 包括拼色花砖、印花砖等

2. 仿古砖的选购

建材选购要点

要点	说明
厚度	○ 仿古砖并非越厚越好，其好坏在于其本身的质地，目前国际建筑陶瓷发展的方向是轻、薄、结实、耐用、有个性
外观	○ 主要看砖的表面，一般质量好的仿古砖表面反光性也相对较好
断面	○ 从砖的断面细看，断面致密的砖质量较好
密度、重量	○ 用手掂量，能感觉到砖的分量感与厚实感的砖致密度高、硬度大；反之，用手掂量轻飘飘的砖密度小、硬度低，用于室内地面，其耐用性会大打折扣
硬度	○ 以硬物划刻砖体表面，如果出现了明显的刮痕，表明瓷砖的硬度与釉面质量是不达标的，时间长了以后会藏污纳垢，影响装饰效果且打理困难

3. 仿古砖运用实例

（1）善用花砖，营造个性效果

在仿古砖中，花砖是最具特色的一种产品，可以设计在厨房、餐厅和卫浴间内，装饰墙面及地面。其装饰效果精美，能够为空间增添个性，非常适合用在东南亚及美式乡村等风格的家居中。

▲花砖装饰卫浴间墙面，搭配同色系素色地砖，整体而又具有丰富的层次感

▲腰线使用花砖，使乡村风格卫浴间的淳朴感更浓郁

（2）拼花仿古砖丰富地面设计形式

在客餐厅的地面设计中，仿古砖通常会选择拼花形式，即在仿古砖的四角设计十字形花片，装饰出来的地面既不会显得凌乱，又极具审美趣味。但拼花仿古砖的铺装场景有一定局限性，一般比较适合乡村、田园、地中海等设计风格。

▲花片与仿古砖的色调变化， 可以起到提升地面设计纵深感的作用

▲地面使用花砖做装饰，丰富了餐厅的整体层次感

4. 仿古砖的施工与验收

① 施工前期：铺贴前做仿古砖排砖方案，尽量不要出现小于三分之一的窄列。确须加工切割的，以切割后瓷砖剩下的部分大于三分之二整砖宽度为宜

② 施工中期：在铺装过程中，不同质感、色系的仿古砖可以搭配使用，或与木材等天然材料混合铺装，划分出不同的空间区域。如在餐厅或客厅中，用花砖铺成波打线或者进行区域分割，在视觉上造成空间对比，具有很好的设计效果	
③ 施工验收：铺贴完工后，应及时将残留在砖面的水泥污渍抹去，已铺贴完的地面需要养护 4 ~ 5 天	

第五节 玻化砖

1. 仿古砖的种类及应用

玻化砖全名为玻化抛光砖，又称为全瓷砖，是由优质高岭土强化高温烧制而成的，表面光洁，是所有瓷砖中最硬的一种。它不需要抛光，因此不存在抛光气孔的问题。

在吸水率、边直度、弯曲强度、耐酸碱性等方面都优于普通釉面砖、抛光砖及一般的大理石。本身还有玻璃纤维，质地细密，虽然油迹和灰尘还是会在一定程度上渗入一些，但要比抛光砖好很多。

▲ 玻化砖铺贴效果

玻化砖适用于玄关、客厅等人流量较大的空间地面铺设，不太适用于厨房这种油烟较大的空间。且其较适用于现代、简约等风格的家居之中。

玻化砖可分为微晶石瓷砖、超微粉砖、渗花型玻化砖和多管布料玻化砖。

玻化砖的种类

名称		特点
微晶石瓷砖		○ 纹理清晰雅致，光泽柔和晶莹，色彩绚丽璀璨 ○ 质地细腻，不吸水、防污染，耐酸碱、抗风化 ○ 但其表面不耐磨，不适于用在地面，比较适于用墙面干挂
超微粉砖		○ 高光度、高硬度、高耐磨 ○ 吸水率低，色差少，规格多样化，色彩丰富，性能稳定
渗花型玻化砖		○ 最基础的玻化砖品种 ○ 吸水率低，颜色鲜艳、丰富，纹路清晰，表面光滑 ○ 毛细孔大，不适合用于厨房等油烟大的地方
多管布料玻化砖		○ 颜色比渗花型玻化砖的颜色更暗淡 ○ 色彩丰富、纹理清晰、素雅大方，花色纹路自然，砖与砖之间的区别不明显性能稳定，耐磨，耐划、吸水率低

2. 玻化砖的选购

建材选购要点

要点	说明
外观	◎ 看其表面是否光泽亮丽，有无划痕、色斑、漏抛、漏磨、缺边、缺脚等缺陷
重量	◎ 质量好、密度高的玻化砖手感比较沉；质量差的手感较轻
声音	◎ 敲击玻化砖，若声音浑厚且回音绵长，如敲击铜钟之声，则为优等品；若声音混哑，则质量较差
色差、边角	◎ 在同一型号且同一色号范围内，随机抽样不同包装箱中的产品若干，在地上试铺，站在 3m 之外仔细观察，检查产品色差是否明显，砖与砖之间缝隙是否平直，倒角是否均匀
底胚商标	◎ 查看玻化砖底胚商标标记，正规厂家生产的产品底胚上都有清晰的产品商标标记，如果没有或者特别模糊，建议不要购买
防滑性	◎ 测试玻化砖防滑效果，可以用脚来回摩擦，感受防滑效果

3. 玻化砖运用实例

（1）高光度提升空间亮度

玻化砖的一大特点，就是具有较高的光泽度，适合铺设在客厅、餐厅等空间。对于一些采光不好的客厅空间，选择高光泽度的玻化砖非常合适。通过阳光的反射，玻化砖可以提升空间的整体亮度，并可将客厅的设计映衬到砖面，改变光影变化。

▲像镜面一样的玻化砖， 将窗外的景致映衬到客厅中

▲白色玻化砖装饰地面，搭配彩色家具使客厅显得更明亮

（2）仿石材款式可取代石材

玻化砖有一些仿石材纹理的款式，其效果可与抛光后的石材媲美，但它的自重更轻，花纹比天然石材更规律，铺设和加工也更简单一些。但价值和天然感要比石材差一些，非常适合喜欢石材质感又觉得价格较高的人群。但此类砖更适合用在地面上，用在墙面上过于光亮，容易降低档次。

▲用仿石材纹理的玻化砖装饰客厅地面，既具有光泽度又具有石材的独特纹理

4. 玻化砖的施工与验收

① 施工前期：应先处理好待贴体或平整基础，干铺法基础层达到一定硬度才能铺贴砖，铺贴时接缝一般保留 2 ~ 3mm。彩砖建议采用强度等级为 32.5 的水泥，白色砖建议用白水泥。铺贴前预先打上防污蜡，可提高砖面抗污染能力	
② 施工中期：开始试铺，基层找平、夯实，并检查地砖是否出现空鼓，这一步很重要，一定要夯实，同时这一步工人应检查该地砖与相邻的地砖边角是否有误差	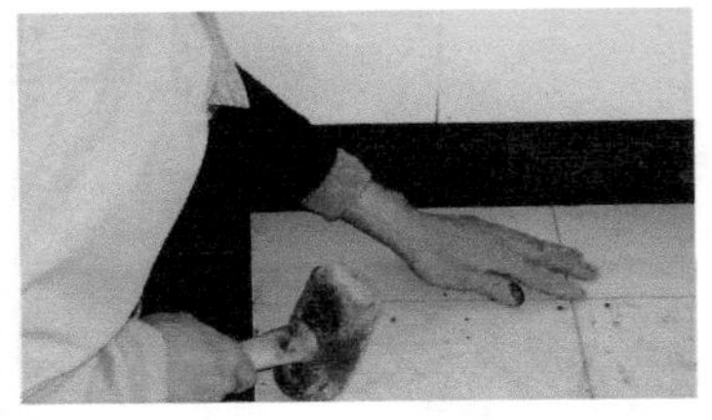
③ 施工验收：在 2m 之内误差不得大于 2mm，砖缝应整齐，大小统一，不得有空鼓，不得松动，用 2m 长的直尺或靠尺进行验收	

第六节 微晶石

1. 微晶石的种类及应用

▲ 微晶石铺贴效果

微晶石学名为微晶玻璃复合板材，是将一层 3 ~ 5mm 的微晶玻璃复合在陶瓷玻化石的表面，经二次烧结后完全融为一体的高科技产品。它集中了玻璃与陶瓷材料的特点，但外表更倾向于陶瓷。

微晶石热膨胀系数很小，也具有硬度高、耐磨的机械性能，密度大，抗压、抗弯性能好，耐酸碱，耐腐蚀且没有容易藏污纳垢的问题。与釉面砖相反的是，微晶石不适合用于卫生间和厨房。

微晶石可分为无孔微晶石、通体微晶石和复合微晶石。

微晶石的种类

名称		特点
无孔微晶石		○ 也称人造汉白玉 ○ 通体为纯净的白色，非常环保 ○ 无气孔，无杂斑，吸水率为零，可打磨翻新 ○ 光泽度高
通体微晶石		○ 又称微晶玻璃 ○ 天然无机，性能优于天然花岗石、大理石及人造大理石 ○ 不易腐蚀、氧化、褪色，吸水率低，强度高、经久耐用 ○ 光泽度高，色彩鲜艳，无需保养
复合微晶石		○ 也称微晶玻璃陶瓷复合板，绿色健康 ○ 硬度大，结构致密，抗折性能强，耐腐蚀性强，耐气候性强，完全不吸污，方便清洗 ○ 装饰效果佳，色泽自然，永不褪色，纹理清晰

2. 微晶石的选购

建材选购要点

要点	说明
品牌	○ 市面上微晶石的品牌非常多，建议在选购时选择一些生产技术比较成熟的大品牌，不仅质量有保证，还会有完善的售后服务，免去后顾之忧
环保性	○ 若在微晶石的生产过程中没有对原材料进行充分提纯，成品就可能含有一些放射性物质，长期使用对人体存在危害，购买时可以查询该企业的环境标志认证与环保产品检测证书，避免买到不合格产品
硬度	○ 微晶石的光泽度高，一旦划伤后非常影响效果，在选购地砖时，可以拿一块样砖用利器划动测试，出现划痕的时间越久的会越耐用一些

3. 微晶石运用实例

（1）适合用在华丽风家居中

微晶石的花色很多，但除了纯白色的无孔微晶石外，大部分的花色都比较华丽，比较适合用在具有华美感的家居风格内，如现代奢华风格、古典欧式风格、法式风格等，如果用在简洁类风格的家居中，会让人觉得有些格格不入。

▲ 用不同色彩的微晶石进行拼花，其光亮的质感搭配鎏金材质的欧式家具，使客厅充满了奢华感

（2）单独大面积使用易单调

用微晶石做背景墙或做地面拼花，可以塑造出类似石材般华丽的装饰效果，但它自重更轻，表面更光洁，是一种很好的代替品。但其纹理极具特点，大面积用在墙面或地面上，容易显得没有重点，可以将其放在中间部分，两侧搭配护墙板，或在地面做拼花来增添层次。

▲ 白色和灰色相间的微晶石，两侧搭配白色护墙板，兼具高贵和低调华美

4. 微晶石的施工与验收

① 施工前期：微晶石的硬度高于大理石，现场加工难度较大，且容易造成爆角，影响美观。施工前应严格按照现场尺寸制作排版图，对区域进行标号，保证加工精度的同时也可以避免色差	
② 施工中期：安装时需要拉线控制相邻板面的水平度、垂直度和平整度。微晶石施工与墙面时需要用胶黏结，因此要求黏结面必须整洁、干净。安装时还应严格控制缝隙宽度，如有误差应分散到每条缝隙中，避免累积误差	
③ 施工验收：微晶石的排列和缝隙应符合设计要求，排列应合理、整齐、美观，非整板应排放在不明显的位置。完成面应整洁、无划痕、色差、裂纹等缺陷	

第七节 抛釉砖

1. 抛釉砖的特点及应用

抛釉砖又叫做釉面抛光砖，常规的釉面是不能抛光的，但抛釉砖表面使用的是一种可以在釉面进行抛光工序的特殊配方釉，目前一般为透明面釉或透明凸状花釉。其釉料特点是透明，不遮盖底下的面釉和各道花釉，抛釉时只抛掉透明釉的薄薄一层。

抛釉砖集抛光砖与仿古砖优点于一体，釉面如抛光砖般光滑亮洁，同时其釉面花色如仿古砖般图案丰富，色彩厚重或绚丽。

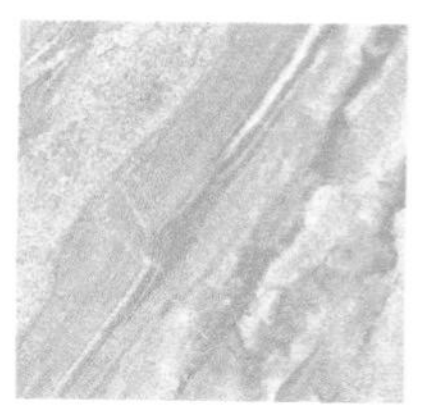
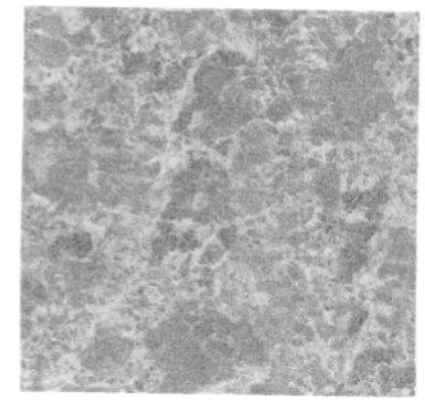
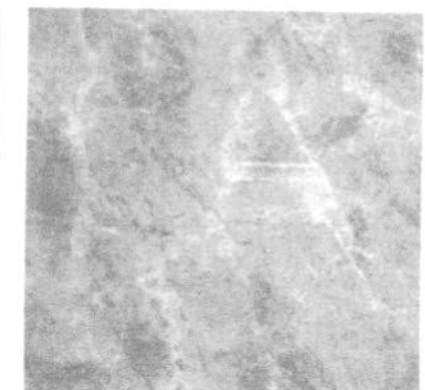

▲ 抛釉砖样图

▲ 抛釉砖铺贴效果

抛釉产品集合了抛光砖、仿古砖、瓷片砖三种产品的优势，完全释放了釉面砖亚光暗光的含蓄性，弥补了半抛砖易藏污的缺陷，具备了抛光砖的光泽度、瓷质硬度，同时也拥有仿古砖的釉面高仿效果，以及瓷片砖釉面丰富的印刷效果。但抛釉砖特别怕尖锐物体，应避免剐蹭，一旦剐蹭则划痕明显。现在的家居进门多更换鞋子，所以问题不大。

2. 抛釉砖的选购

建材选购要点

要点	说明
气泡	○ 由于生产工艺的原因，质量不佳的抛釉砖表面容易产生气泡，购买时需注意，无气泡的才是优等品
清晰度	○ 注意抛釉砖的清晰度，好的抛釉砖纹理的精度很高，非常清晰，而差的抛釉砖能看到明显地带有印刷网纹
品牌	○ 尽可能选择优质品牌的产品，除了传统的瓷砖品牌外，也可以购买一些专门生产抛釉砖厂家的品牌
光泽	○ 好的抛釉砖的釉面，在光的漫反射下，光感柔和、色系鲜明、饱满厚重，触摸釉面就可以感受到细腻平顺的质感

3. 抛釉砖运用实例

（1）可提升空间整体品质感

抛釉砖的表面光泽感极强，它的纹理多模仿纹理较含蓄的石材，所以通常具有非常低调的华丽感。在家居空间中大面积地使用时，其纹理和反光能够提升整体的品质感。用在客厅中时，若客厅面积非常大，可以搭配块毯来遮挡部分区域，避免产生晃眼的感觉。

▲用抛釉砖装饰地面，其仿石材的纹理和高反射性使简欧客厅更加华丽

（2）可拼花来增添层次感

当将抛釉砖用在如欧式风格等的华美风格中时，全部采用单一的砖容易显得单薄。可以搭配马赛克或者小的砖，来做一些拼花设计，花纹无需过于复杂，即可具有丰富的层次感，与该风格的家具等搭配起来会更具协调感。

▲抛釉砖地面做拼花设计，丰富了客厅层次，又不会显得凌乱

4. 抛釉砖的施工与验收

① 施工前期：施工前应用电脑设计出合理的布置方案或选砖预排，以使拼缝均匀合理；同一界面上的横竖排列，不宜有一行以上的非整砖，非整砖应排在次要部位或阴面处；严禁使用三分砖	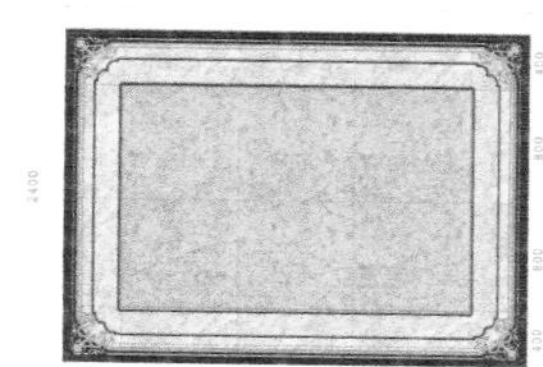
② 施工中期：若地面找平标高偏差较大时，应先找平，用 1 ∶ 3 水泥砂浆找平，水平偏差应小于 5mm；若墙面垂直偏差较大时，也应先找平，垂直偏差控制在 3mm 以内。贴砖时必须找准标高，做到表面平整，不显接茬，接缝平直	
③ 施工验收：铺贴应牢固、不松动，空鼓总面积 ≤ 5%，单块砖空鼓尺寸≤ 100mm × 100mm；图案清晰、无污渍、无裂缝；表面色泽一致，接缝均匀	

第八节 马赛克

1. 马赛克的种类及应用

马赛克又称陶瓷锦砖或纸皮砖，是所有瓷砖品种中尺寸最小的一种，由数十块小砖组成一个相对大的板块。主要用于铺地或内墙装饰，也可用于外墙饰面。它面积小巧，用在地面时防滑性特别好，非常适合卫浴间、泳池等潮湿环境。

马赛克适用于厨房、卫浴间、卧室、客厅等。如今马赛克可以烧制出非常丰富的色彩，也可用各种颜色的马赛克进行搭配，拼贴成自己喜欢的图案，马赛克还可以镶嵌在墙上作为背景墙。由于马赛克是由很多小块组成的，所以单块的形状设计很丰富，形状各异，可以根据不同的家居风格进行设计，但是马赛克的占用面积一般不宜太大。

▲马赛克铺贴效果

马赛克的款式、品种多样，常见的有贝壳马赛克、陶瓷马赛克、玻璃马赛克、夜光马赛克、石材马赛克、金属马赛克等，装饰效果非常突出。

马赛克的种类

名称		特点
贝壳马赛克		○ 原料为大海中的贝壳或人工养殖贝壳，形状较规律，每片尺寸较小 ○ 色彩绚丽、带有光泽，装饰效果极佳 ○ 天然环保，吸水率低、防水性好 ○ 硬度低、耐磨性差，不能用于地面 ○ 施工后，表面需磨平处理
陶瓷马赛克		○ 主料为陶瓷，经高温窑烧而成，是最传统的一种马赛克，以小巧玲珑著称 ○ 品种丰富，工艺手法多样，除常规瓷砖款式外，还有冰裂纹等多种样式 ○ 色彩较少，防水防潮，易清洗
玻璃马赛克		○ 由天然矿物质和玻璃粉制成 ○ 现代感强，纯度高，是色彩最丰富的马赛克品种 ○ 耐酸碱，耐腐蚀，不褪色，不积尘、质轻、黏结牢，易清洗，易打理 ○ 质感晶莹剔透，配合灯光更美观

续表

名称		特点
夜光马赛克		○ 原料为蓄光型材料，吸收光能后，夜晚会散发光芒 ○ 价格不菲，可定制图案，装饰效果个性、独特 很适合小面积地用于卧室和客厅进行装饰
石材马赛克		○ 原料为各种天然石材，是最为古老的马赛克 ○ 色彩较低调、柔和，效果天然、质朴 ○ 防水性较差，抗酸碱腐蚀性能较弱 ○ 需专门的清洗剂来清洗
金属马赛克		○ 以金属为原材料 ○ 装饰效果现代、时尚 ○ 色彩低调，反光效果差，材料环保、防火、耐磨

2. 马赛克的选购

建材选购要点

要点	说明
外观	○ 在自然光线下，距马赛克 0.5m 远目测有无裂纹、疵点及缺边、缺角现象。如果马赛克内含装饰物，其分布应均匀，面积应占总面积的 20%以上
背面	○ 马赛克的背面应有锯齿状或阶梯状沟纹
防滑度、密度	○ 抚摸其釉面可以感觉到防滑度 ○ 然后是其密度，密度高吸水率才低，而吸水率低是保证马赛克持久耐用的重要因素。可以把水滴到马赛克的背面，水滴不渗透的质量好，很快往下渗透的质量差
规格	○ 选购时要注意颗粒之间规格、大小是否一样，每片小颗粒边沿是否整齐 将单片马赛克置于水平地面检验是否平整。观察单片马赛克背面是否有过厚的乳胶层
包装	○ 品质好的马赛克包装箱表面应印有产品名称、厂名、注册商标、生产日期、色号、规格、数量和重量（毛重、净重），并应印有防潮、易碎、堆放方向等标志

3. 马赛克运用实例

▲将马赛克作为背景墙材料，虽然色彩较为素雅，但其晶莹质感和拼色组合，在灯光的映衬下，带来了丰富的层次感

（1）马赛克可用做背景墙主材

马赛克不仅可以用在卫生间中，还可以在其他空间中作为背景墙的主材使用，例如电视墙、沙发墙、餐厅背景墙甚至是卧室。常规的做法是搭配一些造型大面积同系列铺贴，个性一些可以用不同材质、不同色彩的马赛克拼贴成“装饰画”，这种做法更有立体感和艺术感，但造价较高。但当马赛克用在卧室时，玻璃和金属款式的不建议大面积使用，容易感觉冷硬。

（2）可用做门框、窗套或台面等

在一些自然风格的家居中，例如地中海风格、乡村风格等，使用规矩的门套、窗套或人造石台面有时会让人觉得缺少一些味道，就可以用马赛克代替常规材料来装饰这些地方，突显个性。需注意款式和材质的选择，应与风格特征相符。

▲用马赛克做窗套或门套，非常适合自然风格的居室，能够带来别样的个性感

（3）马赛克能设计成多种造型

▲将不规则造型的陶瓷马赛克和白色涂料做组合，作为墙面的主要材料，搭配鹅卵石材质的地面，塑造出粗犷、自然的极具乡村风情的卫浴空间

对于卫浴间内的浴缸、洗手台等，常规的瓷砖只能铺贴成直线条，但马赛克可以突破这一局限。不论浴缸和洗手台砌筑成何种弧度，马赛克都可以很好地进行装饰，而且具有很好的整体性，使洁具等物品与空间完美融合。

（4）卫浴中拼花或做腰线可增添层次感

在卫浴间中使用马赛克时，可以用不同色彩的马赛克设计拼花图案，用在坐便器后方或淋浴区、浴缸区的墙面部分，搭配其他墙面的墙砖，来增添层次感。除此之外，马赛克还可以代替腰线的花砖，与其他瓷砖搭配，活泼而不容易显得混乱。

▲在卫生间内，用不同色彩的马赛克组合成了一幅抽象花朵图案的装饰画，增添了低调的奢华感和艺术感

4. 马赛克的施工与验收

① 施工前期：在施工之前，仔细检查包装箱里的马赛克是否足够。在每一个包装箱上面都会标示产品的型号、色号、生产批号及其他详细资料	
② 施工中期：马赛克施工时要确保施工面平整且干净。打上基准线后，再将水泥（白水泥）或胶黏剂均匀地涂抹于施工面上。依序将马赛克贴上，每张之间应留有适当的空隙。每贴完一张即以木条将马赛克压平，确定每处均压实且与胶黏剂充分结合	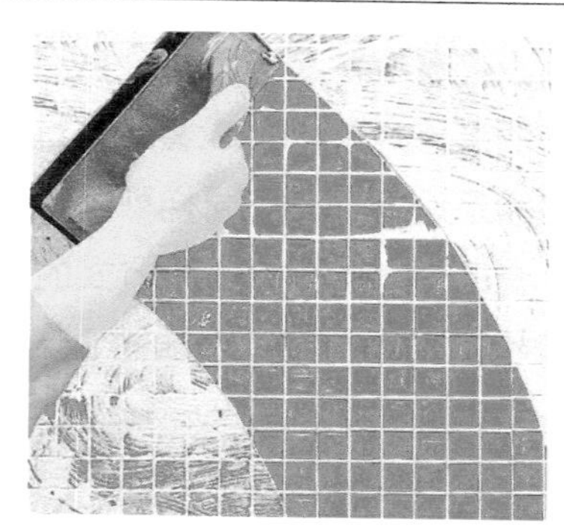
③ 施工验收：拼贴好的马赛克不应该看得出是一张张贴起来的，若有这样的情形，表示师傅在粘贴时没有控制好每张之间的间距	

第九节 瓷砖背景墙

1. 瓷砖背景墙的特点及应用

背景墙是室内最为重要的装饰部分，是视觉的中心点。除了用不同材料自行设计外，近年来还发展出了很多成品电视墙，瓷砖背景墙是其中最为美观和个性的一种。瓷砖背景墙运用了最新的印染技术，配以特殊的制作工艺，可以把人们喜欢的图案或者画面，通过印刷、雕刻等方式制作到常见的各种瓷砖上，如釉面砖、抛光砖、玻化砖、抛釉砖、微晶石等。

▲瓷砖背景墙设计效果图

瓷砖背景墙具有永不掉色、防水防潮、经久耐用的特点，特别适合精装修的楼房，能够为套餐式的装修增添一些个性和变化。它的图案是可以定制的，业主可以根据自家的装修风格和个人喜好，选择合适的背景墙图案。同时，如果常规瓷砖的尺寸不能满足设计需求，同样可以定制。

瓷砖背景墙按照制作方式的不同有平面和精雕两种类型，它们的画面效果接近，但精雕根据画面增加了雕刻工艺，使画面具有一定的凹凸感和立体感，更显高档。

▲精雕瓷砖背景墙具有立体感

2. 瓷砖背景墙的选购

建材选购要点

要点	说明
品牌	○ 瓷砖背景墙在国内兴起的时间比较短，技术参差不齐，小厂家生产水平不足，色彩还原度不够，时间长了还可能褪色，因此建议选择一些知名品牌的产品，质量更有保障
耐刮性	○ 只有颜色渗入砖体，才能保证不褪色，可以用尖刀或者螺丝起子在砖体表面用力刮划，若不掉色则证明质量佳；一刮就露出底色的易褪色
底砖	○ 底砖的质量是非常关键的，建议询问清楚具体品牌
色彩	○ 色彩还原度是一个重要的指标，如果设备不佳是无法还原画面色彩的，很多厂家采用原砖喷白漆做底，再在上面作画，还原度达到要求，但耐刮性差
立体感	○ 按照标准，精雕的瓷砖背景墙深度要达到 0.6mm 以上才能具有强立体感

3. 瓷砖背景墙运用实例

（1）装饰客厅、餐厅

瓷砖背景墙非常适合用在客厅和餐厅中，客厅内可做电视墙，也可做沙发背景墙，餐厅内多做背景墙。这样做能够体现整体装饰的风格和档次感，尤其是沙发墙的位置，大部分家庭都是悬挂装饰画，若用瓷砖背景墙来代替，效果要更突出。

▲用瓷砖背景墙装饰客厅或餐厅背景墙，具有非常美观且个性化的效果

（2）玄关可用，不建议设计在卧室

玄关是家居中人们最先接触的位置，是彰显业主文化气质和装修档次的关键。对追求个性的业主来说，可以在玄关用瓷砖背景墙来代替装饰画，彰显品位，这种做法特别适合中式和欧式风格。但需注意的是，瓷砖背景墙触感比较冷硬，不建议将其放在卧室内使用。

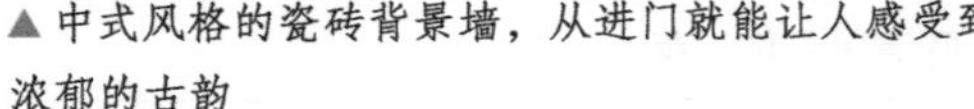

▲中式风格的瓷砖背景墙，从进门就能让人感受到浓郁的古韵

▲欧式风格玄关，可选画面大气一些的瓷砖背景墙做装饰

4. 瓷砖背景墙的施工与验收

① 施工前期：打开包装检查图案尺寸和编号，认真检查每片砖是否出现破损，按编号顺序小心铺在地上，检查图案的完整性和是否有色差

② 施工中期：预铺时，在处理好的墙面上拉两根相互垂直的线，并用水平尺校平，墙面保持垂直。按砖体尺寸画好线，建议无缝铺贴或留 0.2mm 的缝铺贴，切记不要填缝。从左下角第一片开始铺贴，从左向右、从下往上粘贴。如果瓷砖尺寸较大，可以用支撑物撑住，干燥后再拿开

③ 施工验收：瓷砖背景墙的图案铺贴应符合设计要求；砖面整洁、干净，没有任何污渍、划痕、裂纹等缺陷；用小锤敲击砖面，应无空鼓

第十节〉天然石材

1. 大理石的种类及应用

大理石纹路和色泽浑然天成、层次丰富，每一块的大理石的纹理都是不同的，且纹理清晰、自然，质感光滑细腻，具有低调的华丽感，适合各种风格。具有品种繁多、色泽鲜艳、石质细腻、吸水率低、耐磨性好等优点。在家居中可装饰墙面、地面、台

面、柱体等处。

大理石主要成分为碳酸钙，容易与空气和水汽发生反应，所以比较容易风化，仅适用于室内。各色大理石优劣不等，相对来说，白色大理石因为成分单一，所以比较稳定，不易风化和变色；绿色大理石次之，红色系的大理石最不稳定。

大理石的纹理非常美丽、多样

常用的大理石有黑金砂、爵士白、大花白、莎安娜米黄、啡网纹、紫罗红等多种类型。

大理石的种类

名称		特点
黑金砂		○黑色底内含“金点儿”，装饰效果尊贵而华丽 ○结构紧致，质地坚硬，耐酸碱 ○吸水率低，适合做过门石
爵士白		○主体为白色，纹理为灰白色，形状以曲线为主，纹理清晰均匀、密集且独特 ○硬度小，易加工，易变形，易被污染 ○底色越白品质越好
大花白		○主体为白色，带有深灰色的线形纹路，纹路自然流畅，百搭 ○进口大理石，属于高档石材 ○硬度和强度高于其他大理石
莎安娜米黄		○底为米黄色，有白花，有“米黄石之王”的美誉 ○光泽度好，色彩丰富，耐磨性好，硬度较低 ○出现裂纹难以胶补
啡网纹		○底色包括深色、浅色、金色等 ○纹理浅褐、深褐与丝丝浅白错综交替，呈网状 ○质地好，光泽度高 ○安装时反面需要用网，长板易有裂纹

续表

名称		特点
紫罗红		○ 底色为深红或紫红，还有少量玫瑰红，纹路呈粗网状，有大小数量不等的黑胆 ○ 装饰效果色调高雅、气派，耐磨性能好

2. 大理石的选购

建材选购要点

要点	说明
外观	○ 色调基本一致、色差较小、花纹美观是优质大理石的具体表现，花纹不好会严重影响装饰效果
抛光	○ 优质大理石板材的抛光面应具有镜面一样的效果，能清晰地映出景物
纹路	○ 大理石最吸引人的是其花纹，选购时要考虑纹路的整体性，纹路颗粒越细致，品质越佳；若表面有裂缝，日后会有破裂的风险
声音	○ 用硬币敲击大理石，声音较清脆的表示硬度高，内部密度大，抗磨性较好；若是声音沉闷，就表示硬度低或内部有裂痕，品质较差
密度	○ 用墨水滴在表面或侧面上，密度越大越不容易吸水
检验报告	○ 在购买大理石时要求厂家出示检验报告，并应注意检验报告的日期，同一品种的大理石因其矿点、矿层、产地的不同，放射性存在很大差异，所以在选择或使用石材时不能只看一份检验报告，尤其是大批量使用时，应分批或分阶段多次检测

3. 大理石运用实例

（1）纹理有特点的大理石可单独做背景墙

有一些纹理极具特点的大理石，可以单独使用，作为空间内主要背景墙的主材，如客厅中的电视墙、餐厅背景墙等，此类大理石由于本身极具特点，可塑造出个性而大气的效果。但不同板块的纹理通常差异较大，应认真挑选，否则会影响整体效果。

▲将花纹独特的卡门灰大理石单独用在客厅背景墙上，犹如一幅抽象画，时尚而大气

（2）花纹不明显的可与其他材质搭配塑造层次

对于纹理不是很明显的大理石，大面积地单独使用难免会显得单调，可以与其他材料组合使用，塑造层次感，例如彩色乳胶漆、不锈钢条、壁纸、护墙板等均可。具体形式宜结合风格特征选择，如简约风以大块面或线条组合、华丽风以立体造型组合等。

▲客厅重点部位的壁炉使用了大花白大理石，搭配墙面的灰色乳胶漆，简洁、素雅而大气

▲白底灰色纹理的大理石极具简洁感，与简约风格搭配协调，为了避免单调感，搭配了部分灰色饰面板

4. 大理石的施工与验收

① 施工前期：大理石在安装前的防护十分必要，一般可分为三种方式：6 个面都浸泡防护药，价格较高，但防滑效果好；处理 5 个面，底层不处理，防护效果居中；只处理表面，价格最低，但防护效果较差	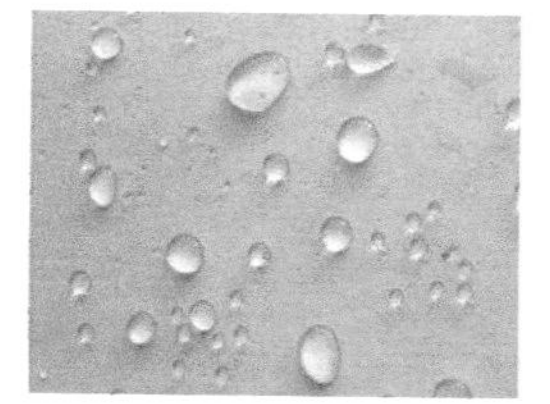
② 施工中期：大理石铺设在地面时，多使用干式软底施工法，必须先铺上 3 ~ 5cm 的土路（水泥砂），再将石材粘贴在上面。铺设墙面时，基于防震的需要，则使用湿式施工法，施工时使用 3 ~ 6cm 夹板打底，粘贴会较牢靠，增加稳定度	
③ 施工验收：应着重注意大理石饰面铺贴是否平整牢固、接缝是否平直，大理石有无歪斜、有无污迹和浆痕，大理石表面是否洁净、颜色是否协调。此外，还应注意大理石板块有无空鼓，大理石接缝有无高低偏差	

5. 花岗岩的种类及应用

花岗岩又叫做花岗石，它的硬度较高，具有良好的抗水、抗酸碱和抗压性，不易风化，所以不仅可以用于室内，也可以用于室外建筑或露天雕刻。

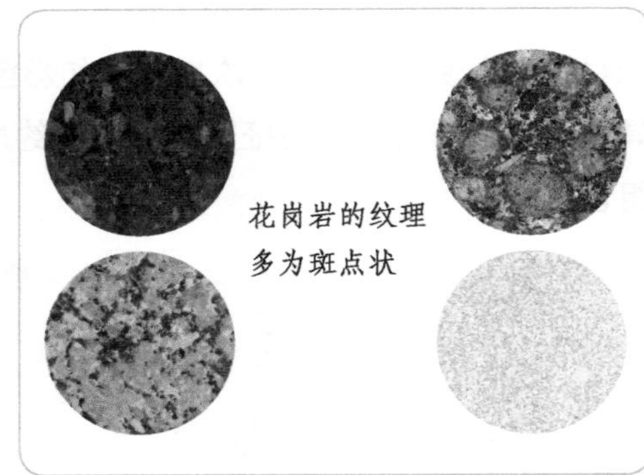
花岗岩的纹理多为斑点状

花岗岩品种丰富，颜色多样，但纹理较单一，通常为斑点状。抗污能力较强，拥有独特的耐温性，极其耐用、易于维护表面，是作为室内墙砖、地材和台面的理想材料。它比陶瓷器或其他任何人造材料稀有，所以铺置花岗岩地板还可以增加房产的价值。

花岗岩会产生放射性气体——氡，长期被人体吸收、积存，会在体内形成辐射损伤，不建议在室内大量使用，尤其不要在卧室、儿童房中使用。

常用的大理石有印度红、灰麻、黄金麻、绿星、英国棕等多种类型。

花岗岩的种类

名称		特点
印度红		○ 色彩以红色居多，夹杂着花朵图案 ○ 分为深红、淡红、大花、中花、小花等 ○ 结构致密，质地坚硬，耐酸碱 ○ 易切割，塑造，可以做出多种表面效果
灰麻		○ 白色、灰色和黑色相间，世界上最著名的花岗岩品种之一 ○ 颗粒结构，块状构造，硬度强，光泽度高
黄金麻		○ 黄灰色，散布灰麻点 ○ 结构致密，质地坚硬，耐酸碱，耐气候性好 ○ 硬度大，表面光洁度高，可在室外长期使用
绿星		○ 进口花岗岩，花纹独特，主要为深绿色，自带银片 ○ 不易老化，寿命长，价格高，适合局部装饰
英国棕		○ 主要为褐底红色色胆状结构，花纹均匀，色泽稳定 ○ 光度较好，硬度高，不易加工 ○ 断裂后不易胶补

6. 花岗岩的选购

建材选购要点

要点	说明
光泽度	○ 磨光花岗岩板材要求表面光亮，色泽鲜明，晶体裸露，规格符合标准，光泽度要求达 90 度
外观	○ 在 1.5m 距离处目测花岗岩板面，颜色应基本一致，无裂纹，无明显色斑、色线和毛面
厚度	○ 花岗岩的承重厚度不能小于 9mm，同时注意其厚薄要均匀，四个角要准确分明，切边要整齐，各个直角要相互对应
价格	○ 对比价格，对于价位特别低的应引起注意，很可能是染色加工的，大花绿和英国棕最为突出
声音	○ 质量好的大理石敲击声比较清脆，而内部有裂纹或松散的大理石，敲击声比较粗哑
等级	○ 国际标准根据放射性强弱将石材分成了 A、B、C 三个等级，只有 A 级允许在室内使用

7. 花岗岩运用实例

花岗岩虽然花色众多，但纹理变化都比较小，在墙面上的装饰效果不如大理石独特，所以不建议大面积用在墙面上。在室内，由于其突出的耐磨性和耐久性，最适合使用的部位就是作为橱柜、家具的台面，或用在地面上代替地砖或作为过门石，具有非常个性的装饰效果。

选择时，应注意其色彩与空间中的其他部分的协调性。

▲用花岗岩做厨房的台面，花色的选择上比人造石多，效果也更高贵

▲橱柜为棕色系的实木材质，墙面和地面为米黄色砖，缺乏明快一些的对比感，加入珍珠白花岗岩材质的台面，使整体效果层次变化更丰富

8. 花岗岩的施工与验收

① 施工前期：花岗岩在室内多采用水泥砂施工，需要注意的是必须加入铁线辅助才能耐久，如果施工在卫浴等较潮湿的空间，在施工前期建议先在结构面进行防水处理

② 施工中期：花岗岩在施工过程中与水泥接触，未干的水泥湿气渐渐往石材表面散发，从而产生碱矽反应，造成石材表面部分区域色泽变深。浅色花岗岩因含铁量较高，遇水或潮湿时，表面易有红色锈斑产生。因此在铺设花岗岩时必须挑选品质良好的防护胶和防护粉，避免在施工时令石材受到污染

③施工验收：花岗岩面层的表面应洁净、平整、无磨痕，且应图案清晰、色泽一致、接缝均匀、周边顺直、镶嵌正确，板块无裂纹、掉角、缺楞等缺陷

9. 洞石的种类及应用

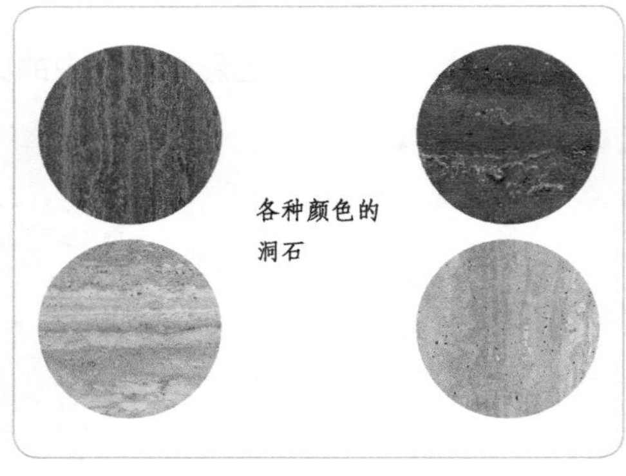
各种颜色的洞石

洞石学名叫做石灰华，是一种多孔的天然岩石。它纹理清晰、变化丰富，疏密有致、凹凸和谐，色调以米黄居多，具有强烈的温和感，加工适应性高，硬度小，隔音性和隔热性好，可深加工，容易雕刻。

洞石本身的真密度是比较高的，但因为有孔洞，它的单位密度并不大，所以更适合作覆盖材料，而不适合作建筑的结构材料、基础材料。洞石主要被用于建筑外墙装饰和室内墙壁的装饰，也可用来制作盆景、假山等园林类景观。

洞石的颜色丰富，除了有黄色的外，还有绿色、白色、紫色、粉色、咖啡色等多种。

10. 洞石的选购

洞石广义上来讲属于大理石的一种，它的选购和施工验收可参考大理石。另外，

选购洞石最好去厂里挑选。店铺中看到的一般都是样板，是局部石材，天然石材每块的纹路和色彩都有差别，为了获得比较好的装饰效果和质量，亲自去挑选比较好。

11. 洞石运用实例

洞石纹理独特，变化多端，个性而不冷硬，非常适合用来装饰家居背景墙，尤其是客厅电视墙。用同色洞石平铺或拼花平铺就已经很美观，也可搭配石材线条或其他建材组合使用。洞石不适合用在地面，孔洞易被脏污。用在墙面上若担心脏污问题，可用与石材同色的腻子将孔洞补起来。

▲用米黄色的洞石装饰客厅电视墙，简约中具有温馨感，虽然只有一种材料，却层次感丰富

12. 板岩的种类及应用

板岩是一种变质岩，它的颜色随其所含有的杂质不同而变化。它的表面是粗糙、坚硬的，凹凸不平的特性使其具有超高的防滑性。与大理石和花岗岩比较，不需要特别的护理，具有沉静的效果。

非常适合用来装饰浴室地面，除此外，还可作为浴室墙面或客厅等区域中的地板材料，但不适合装饰厨房。因为结构的关系，天然板岩容易吸水，挥发得也非常快，但也会引起表层的特性改变，在浴室中做地面时要及时地清理，否则易脏污。

板岩颜色非常丰富，不仅仅有黑色的品种，还有复合灰为主色调的，如灰黄、灰红、灰黑、灰白等。

常用的板岩种类有：啡窿石、印度秋、绿板岩、挪威森林、加利福尼亚金等。

板岩的种类

名称		特点
啡窿石板岩		○属于黄色系板岩 ○为浅褐色，带有层叠式的纹理 ○可用于室内地面及室外地面
印度秋板岩		○为其他色系板岩 ○底色为黄色和灰色交替出现，色彩层次丰富，具有仿锈感 ○可用于室内墙面及地面

续表

名称		特点
绿板岩		○为绿色系板岩 ○底色为绿色，没有明显的纹理变化 ○可用于室内墙面及地面
挪威森林板岩		○属于黑色系板岩 ○底色为黑色，夹杂黑色条纹纹理，非常具有特点 ○可用于室内墙面及地面
加利福尼亚金板岩		○为黄色系板岩 ○为色彩仿古，含有灰色、黄色，色彩层次丰富 ○可用于室内地面及墙面

13. 板岩的选购

建材选购要点

要点	说明
外观	○站距板材 1.5m 处目测，单色类型应无过大色差，板面应无翘曲、色斑、缺角、崩边等缺陷，并无明显的人工凿痕
厚度	○天然板岩由于结构特点，薄厚不能完全一致，不能像瓷砖一样铺设得特别平实，多少会有一些厚度差，但差距不能过大
等级	○石材按放射性强弱分成 A、B、C 三个等级，只有 A 级允许在室内使用

14. 板岩运用实例

板岩非常适合用在浴室中，当用它来装饰墙面时，全部使用单一的板岩容易使人感觉单调。可采用一些设计来增添变化：如留宽一些的缝隙，用白色填缝剂填缝，与板岩的颜色形成反差来增添节奏感，非常适合深色板岩；还可搭配不锈钢条或马赛克等来制造变化。

◀用板岩搭配色差对比明显的勾缝剂或马赛克等装饰，能够为深色板岩增加一些节奏变化

15. 板岩的施工与验收

① 施工前期：将石材进行预排，将色彩接近、色差小的放在一起，避免装饰后过“花”。

② 施工中期：一般板岩的边角并不会那么平直，因此铺贴时需要保留 6mm 的缝隙，以达到整齐的效果。板岩凹凸不平的纹路容易残留填缝剂，要避免整片涂抹，应在缝隙处直接以镘刀少量涂抹填缝剂，或采用勾缝的方式，以填缝袋直接施工。

③ 施工验收：面层应整洁、干净，无残留的填缝剂；接近的板块之间应无明显色差；缝隙应均匀、平直。

第十一节 人造石材

1. 人造石的种类及应用

人造石材一般指的是人造大理石和人造花岗岩，前者应用较为广泛。它具有轻质、高强、耐污染、多品种、生产工艺简单和易施工等特点，防油污、防潮、防酸碱、耐高温方面都比天然石材强，且其经济性、选择性也优于天然石材，因而得到了广泛的应用。

根据生产工艺的不同，可分为树脂人造石、水泥人造石、复合人造石和烧结人造石四类，其中树脂人造石和水泥人造石应用最广泛。

树脂人造石有逼真的天然石材花纹，吸水率低、重量轻、抗压强度高、价格较低、光泽好、颜色鲜亮、可定制加工，多用来制作橱柜台面。

水泥人造石以水泥、天然碎石粒和砂混合制成，成品表面光泽度高、花纹耐久性强、价格低廉，防火、防潮、防滑性优于一般的人造大理石，可用做地面、窗台、踢脚板等。

▲树脂人造石

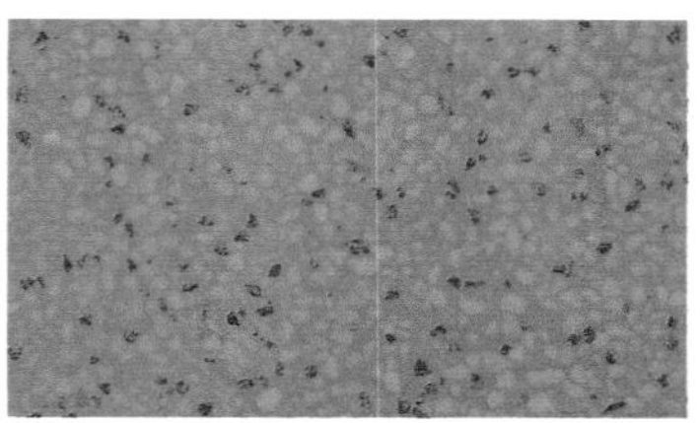

▲水泥人造石

人造石按照纹理的不同又可分为极细颗粒、较细颗粒、适中颗粒和有天然物质等类型。

名称		特点
极细颗粒		○没有明显的纹路，但其中的颗粒极细，装饰效果非常美观 ○可用作墙面、窗台及家具台面或地面的装饰
较细颗粒		○颗粒比极细粗一些，有的带有仿石材的精美花纹 ○可用作墙面或地面的装饰
适中颗粒		○比较常见的一种，价格适中，颗粒大小适中，应用比较广泛 ○可用作墙面、窗台及家具台面或地面的装饰
有天然物质		○含有石子、贝壳等天然的物质，产量比较少 ○具有独特的装饰效果，价格比其他品种要贵 ○可用作墙面、窗台及家具台面的装饰

2. 人造石的选购

建材选购要点

要点	说明
颜色	○看人造石材样品颜色是否清澈纯净不混浊，通透性好，表面无类似塑料的胶质感，板材反面无细小气孔
材料	○通常纯亚克力树脂的人造石性能更佳，在 120℃左右可以热弯变形而不会破裂
手感	○手摸人造石样品表面有丝绸感、无涩感，无明显高低不平感
耐磨性	○用指甲划人造石材的表面，应无明显划痕
渗透性	○可采用酱油测试台面渗透性，无渗透为优等品
质地	○采用食用醋测试是否添加有碳酸钙，不变色、无粉末为优等品
耐火性	○采用打火机烧台面样品，阻燃、不起明火为优等品

3. 人造石运用实例

人造石在家居中可装饰墙面，但是它的纹理装饰性不如天然石材和瓷砖。人造石对酱油、食用油、醋等基本不着色或轻微着色，且使用一段时间后可以打磨方式使其焕然一新，所以主要用于制作厨房和卫浴间内的台面。它的装饰效果也很好，特别是小颗粒接近纯色的款式，符合室内设计简约化的潮流。

▲人造石非常适合用做台面装饰

▲对于需用岛台兼做餐桌使用的厨房来说，用人造石做台面可使清洁更容易

▲除了装饰厨房外，人造石也可装饰各空间内的窗台

4. 人造石的施工与验收

① 施工前期：在施工前，要重视基底，这一环节关系到安装后的质量，基底层应结实、平整、无空鼓，基面上应无积水、无油污、无浮尘、无脱模剂，结构无裂缝和收缩缝。

② 施工中期：若将人造石作为地砖使用，在铺设时需要注意留缝，缝隙的宽度至少要达到 2mm，为材料的热胀冷缩预留空间，避免起鼓、变形。人造石吸水率低，采用传统水泥砂浆粘贴若处理不当，容易出现水斑、变色等问题。使用专业的人造石粘贴剂施工，可以避免这些问题。人造石做橱柜台面，还有一些数据要求，如下图所示

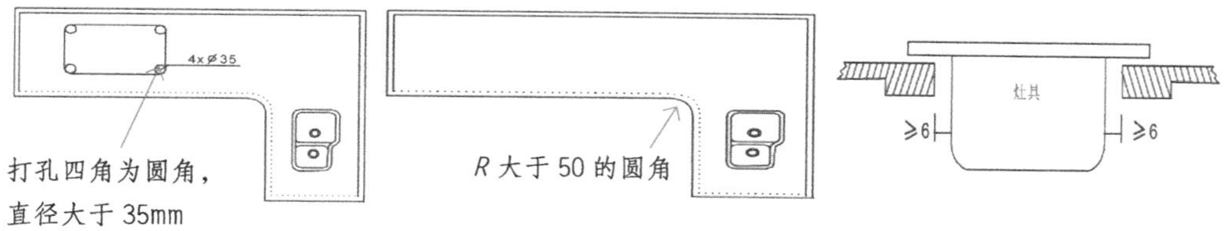

③ 施工验收：外观应无裂缝、砂眼、斑团以及明显的气泡、凹痕等，颜色应与样板一致，且同套台面应无色差；边角平直，误差应≤ 2mm

5. 文化石的种类及应用

人造石仿照天然石材的纹路和色泽制成，常用的有城堡石、层岩石、仿砖石、木纹石、莱姆石、乱片石、鹅卵石片、鹅卵石等诸多类型。

文化石的色泽纹路具有自然的原始风貌，符合回归自然的文化理念。文化石根据原料的不同分为天然文化石和人造文化石，天然文化石由板岩、砂岩、石英石等制成，其开采会破坏环境，所以现今装修使用的多为人造文化石。

人造文化石密度仅为天然石材的 1/3 ～ 1/4，具有经久耐用、不褪色、耐腐蚀、耐风化、强度高、吸音、防火、隔热、无毒、无异味、无污染、无放射性等优点，同时还具有防尘自洁功能，安装简单、种类多样，可为居室带来浓郁的自然风情。

城堡石 层岩石 仿砖石 木纹石
莱姆石 乱片石 鹅卵石片 鹅卵石

6. 文化石的选购

建材选购要点

要点	说明
认证	◎ 检查人造石产品有无质量体系认证、防伪标志、质检报告等
硬度	◎ 用指甲划板材表面，以有无明显划痕来判断其硬度

续表

要点	说明
手感	◎佳品无涩感、有丝绸感、无明显高低不平感、界面光洁
气味	◎好的文化石鼻闻无刺鼻化学气味
硬度	◎相同两块样品相互敲击，佳品不易破碎

7. 文化石运用实例

（1）室内不宜大面积铺贴

文化石在室内不适宜大面积使用，一般来说，其墙面使用面积不宜超过其所在空间墙面的三分之一，且居室中不宜多次出现文化石墙面，可作为重点装饰在所有墙面中的一面墙中使用。

（2）留缝与否可根据款式决定

文化石的拼贴有密贴和留缝两种方式，可根据石材款式选择。仿层岩石的文化石，适合以密贴的方式铺贴，且底浆不宜过厚，而如仿砖石和一些不规则的款式，为了凸显其模仿的真实感，则需要留一定的缝隙。缝隙的处理需平整，才能与文化石的粗糙形成对比，而显得美观。

▲背景墙以鹅卵石文化石为中心，搭配蓝灰色和棕色组成的柜子，简单但乡村韵味浓郁，恰当的使用比例非常舒适

▲用乱石文化石作为餐厅背景，采用密贴法，装饰效果更具协调感

8. 文化石的施工与验收

① 施工前期：安装前应将 2 ~ 3 箱文化砖、文化石平铺在平地上，排列出最佳效果后再安装上墙	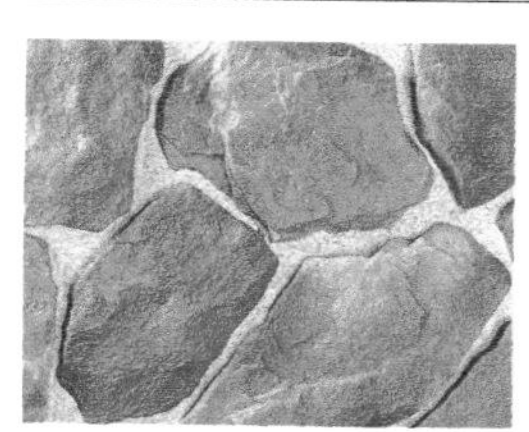

② 施工中期：墙面最好做成粗糙的面，若为木质基层，则需要先加一层铁丝网。安装时要先贴转角，后贴平面。勾缝时用三角袋装挤出勾缝剂并填充缝隙，缝隙的深浅根据施工要求进行调整	
③ 施工验收：注意铺贴效果和缝隙宽度是否符合设计要求；石材表面应无任何污渍，且无裂缝、明显的缺损；粘贴应牢固，规则形石材应横平竖直，无明显偏差	

第十二节 踢脚线

1. 踢脚线的种类及应用

踢脚线也叫踢脚板、踢脚，是安装在内墙两侧与地面交接处的一种部件，形象地讲就是脚能踢到的位置，它的高度通常为 120~150mm。

踢脚线主要有两个作用：一是防潮和保护墙脚，二是装饰和收边。踢脚线可以避免因为意外磕碰或擦地时带来潮气、脏污等破坏墙面，同时还可以利用本身的色彩和材质使地面和墙面很好地过渡，并与室内其他装饰呼应，形成装饰整体。

踢脚线的材质越来越多样化，常见的有木制踢脚线、瓷质踢脚线、人造石踢脚线、金属踢脚线、玻璃踢脚线等。

踢脚线的种类

名称		特点
木制踢脚线		○ 木质踢脚线采用木料制成，是市场上的主流踢脚线，款式多 ○ 按照制作材料分有实木和复合木两种类型，实木踢脚线原料为硬木，纹理美观、自然；复合木多以密度板为基层，表面贴塑或上漆制成多种色彩和纹理 ○ 按照形状分有角线、半圆线、指甲线、凹凸线、波纹线等
瓷质踢脚线		○ 最为传统和目前使用最多的一种踢脚线 ○ 可用瓷砖制作，用多余陶瓷地砖搭配组合 ○ 易于清洁、结实耐用、耐撞击性好 ○ 款式较少，美观性比其他类型差
大理石踢脚线		○ 以天然大理石为原料制作的踢脚线 ○ 纹理、色彩多样且自然，装饰效果好，好打理 ○ 施工复杂、工期长，容易掉落，有辐射

续表

名称	特点
人造石踢脚线	○ 采用人造石为原料制作的一种踢脚线 ○ 施工中可做到无缝拼接，统一感强，不会开裂 ○ 纹理和色彩较多，脏污后可打磨
金属踢脚线	○ 制作材料有不锈钢、铝合金等 ○ 与其他踢脚线相比有着强烈的时尚感和现代感，有亮光和亚光两类 ○ 家居中较少使用，多用于办公空间
玻璃踢脚线	○ 外观晶莹剔透，非常美观 ○ 玻璃较容易破碎，不耐碰撞，使用时需注意安全，有老人和孩子的家庭不建议使用

2. 踢脚线的选购

建材选购要点

要点	说明
外观	○ 注意踢脚线的外观，应无裂纹、扭曲、死结、腐斑等缺陷
贴合度	○ 将踢脚线贴墙或两两背靠背贴合，应无缝隙和贴合不紧密的现象

注：除以上方式外，不同材质的踢脚线选购方式可参照其他章节讲解的材料选购部分，如瓷质踢脚线参照瓷砖的选购。

3. 踢脚线运用实例

踢脚线在整个家居装修中起着一个视觉平衡的作用，所以踢脚线的材质、颜色都要考虑与整体的家居风格相协调，这样才不会显得突兀。它的选择有以下几种方式。

① 参考地面。踢脚线的位置紧挨地面，根据地面材质和颜色选择踢脚线的款式，能够使空间装饰效果更直接地表现出来。

② 参考门套。若将踢脚线看成线条，与之连接在一起的一般就是门套线，而门套线的颜色一般与门的颜色相同或接近，所以根据门套线颜色来确定踢脚线颜色，能够使居室有一致的色调，比较美观。

▲踢脚线与地面同色，让人感觉同一居室内的整体感更强

▲踢脚线与门套同色，使门套所在的线形有所延续，更美观

4. 踢脚线的施工与验收

（1）施工前期

固定家装踢脚线前要对墙面进行平整、清理，否则踢脚线安装后不能完全贴紧墙面，会留下缝隙，影响装饰效果。

（2）施工中期

踢脚线相交的地方，踢脚线的边缘要进行 45° 角的裁切后拼接；靠墙角的位置应留出 1cm 左右的伸缩缝；踢脚线与地板之间的间隙应小于 3mm，一个一元硬币的厚度刚好，超过则说明缝隙过大。

（3）施工验收

踢脚线高度应一致，牢固无松动，阴阳角方正，出墙厚度一致，上口平直，割角准确；外观不能有划痕、变形、凹凸等缺陷，表面整洁、干净。

第十三节 瓦工常见问题解析

1. 瓷砖空鼓怎么解决

空鼓是铺瓷砖最容易出现的问题，会导致瓷砖翘起、脱落等问题。形成空鼓的原因有很多种，但多数是因为基层和水泥砂浆贴合不牢。要解决这一问题，必须严格按照规范施工。

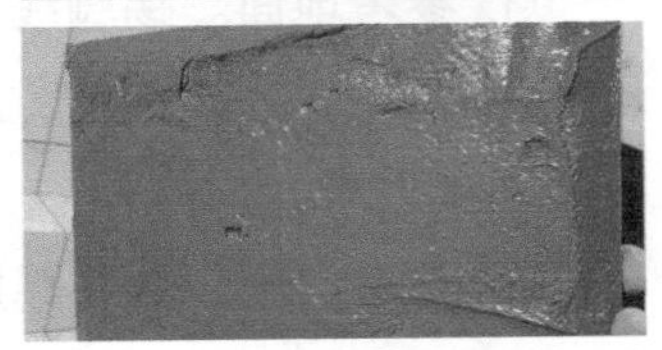

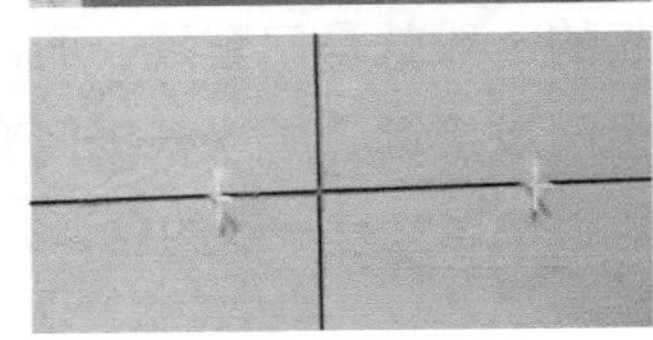

① 铺贴瓷砖的基层必须处理干净，并提前一天用水浇湿基层，最好将湿度控制在 30% ~ 70%，如果基层是新墙面，等水泥砂浆干至七成时，就应该准备铺贴瓷砖。

② 瓷砖铺贴前要充分浸水润湿；注意铺砖使用的水泥砂浆中水泥与砂的比例，不建议使用标号过高的水泥。

③ 调配好的水泥砂浆刮到瓷砖背面时，要注意水泥砂浆需饱满均匀，不能偷工减料。

④ 铺设瓷砖时，必须预留足够的伸缩缝。

2. 瓷砖背渗是什么原因引起的?

不同质量的瓷砖吸水率是不同的，质量越好的瓷砖吸水率越低，当瓷砖的质地相对来说比较疏松、不够细密时，吸水率就高。在铺砖时，水泥砂浆之中的污水就会从砖体的背面渗透到砖体的表面，造成背渗现象。因此在选购瓷砖时，应对瓷砖的吸水率进行测试，选择吸水率低的。

▲ 吸水率低

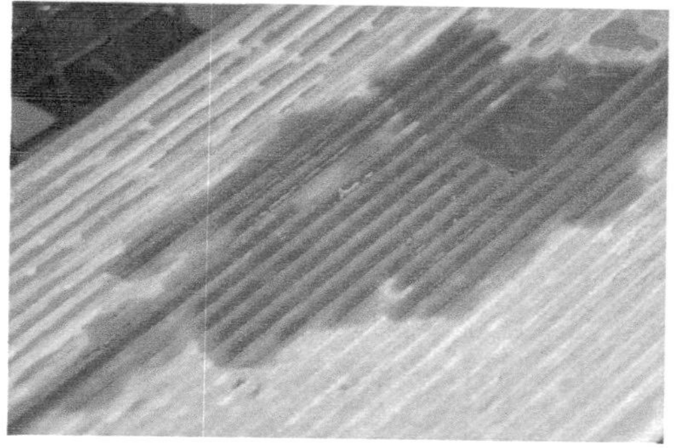

▲ 吸水率高

3. 瓷砖贴在墙上后为什么会变色?

瓷砖上墙后会变色，除了瓷砖的吸水率高外，还有可能是因为瓷砖釉面过薄、施工前没泡水、或者施工不当引起的。

① 釉面过薄：釉面是瓷砖的一层保护膜，能有效地防污、防水、防腐蚀，若釉面过薄，铺设时面层则易受污染，或后期使用时污渍渗入，就会变色。购买瓷砖时可从侧面观察胚体和釉料之间的厚度。

② 施工前没泡水：施工前一定要按照瓷砖的说明书，按要求充分浸泡，需注意应使用干净的清水。

③ 施工不当：铺砖时，应要求工人随时清理砖面上残留的水泥砂浆。

4. 水泥粉光为什么会裂缝?

水泥不仅可以作为辅料，还能直接作为装饰面层使用，如水泥粉光等。但使用时大多时候这种做法不可避免地都会裂缝。这种裂缝多是由三个原因引起的：一是水泥的质量差；二是水泥砂浆的比例不对；三是施工不规范。

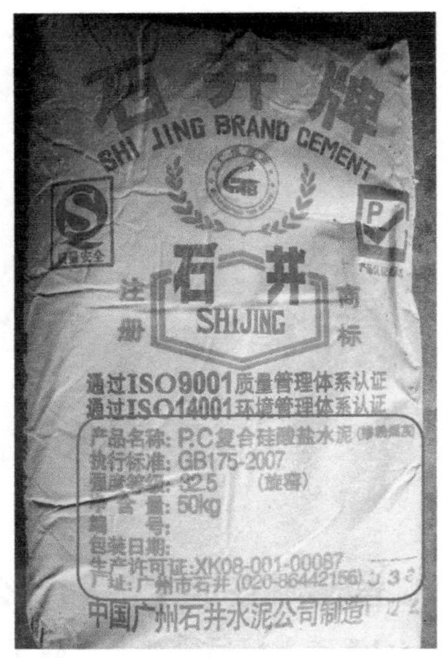

① 水泥质量差：按照水泥章节讲的选购方式来挑选水泥，特别要注意保质期等信息。

② 水泥砂浆的比例不对：水泥自流平分为底层和面层两部分。打底的水泥砂浆，水泥与砂的比例为 1 ∶ 3，砂子选中砂为佳；面层的水泥砂浆则为 1 ∶ 2，且砂子要过筛。

砂浆的比例不能马虎，不建议铲一下水泥再铲三下砂来配比，比例不够精准强度就不够，天气变化时水泥就易裂缝。建议用空的料桶来装水泥和砂子，一桶水泥配三桶砂子。

③施工不规范。基层应整洁、干净，施工前要浇湿基层，但不要积水；铺设时打底干了才能铺面层；施工完成后每天要浇水养护，时间为 28 天。

5. 地砖湿铺好还是干铺好?

地砖有湿铺和干铺两种施工方式，主要差别是在铺砖前，底层有没有再铺一层干水泥砂。

▲ 湿铺法

▲ 干铺法

名称	施工方式	适合砖类型	适合界面	优点	缺点	缝隙
湿铺法	◎ 地面清理干净，浇水润湿，涂抹水泥砂浆，差不多干的时候，开始贴砖	◎300mm×600mm以下的瓷砖	◎ 墙面、地面	◎ 施工快、价格低	◎ 平整度较差，日后容易起鼓	◎ 有缝，宽度随设计定
干铺法	◎ 地面以水泥水浇湿，铺上一层干砂，以砖压实后，再浇水泥砂浆贴砖，砖背面要加黏着剂，并以木槌敲击表面	◎ 600mm×600mm以上的大砖或大理石	◎ 地面	◎ 平整度高，不易变形、起鼓	◎ 工时长、工费高；整体较厚	◎缝宽约1～3mm

6. 砖隔墙一天就砌好对么?

隔墙的做法一般有两种，一是轻体隔墙，一是砖墙。

砖墙属于瓦工范围，它的工法比较复杂，若使用红砖，一定要先浇湿或泡水，还需注意的是，应等墙上的水泥完全干透后再刷漆或封板。

现在有很多赶工的情况，有些红砖墙可能一天就完工，而按照规定，砖墙最多每天只能砌 1.2m 高，最多不能超过 1.5m，绝对不能一天就从地面砌到顶棚，砖较重，砌太高容易歪掉。

第四章
木工材料

第一节 石膏板

1. 石膏板的种类及应用

石膏板是以石膏为主要原料，加入纤维、胶黏剂、稳定剂，经混炼压制、干燥而成，具有防火、隔声、隔热、轻质、高强、收缩率小等特点，且稳定性好、不老化、防虫蛀、施工简便。

石膏板的主要品种有纸面石膏板、装饰石膏板、吸音穿孔石膏板、嵌装式装饰石膏板、耐火纸面石膏板和耐水纸面石膏板等，通常所说的石膏板是指纸面石膏板。

石膏板的种类

名称		特点	作用
纸面石膏板		○ 以建筑石膏板为主要原料，掺入适量的纤维与添加剂制成板芯，与特制的护面纸牢固黏结而成 ○ 质轻、强度高、耐火、隔声、抗震和便于加工 ○ 形状以棱边角为特点，边角形态有直角边、45°倒角边、半圆边、圆边、梯形边等	○ 主要用来制作吊顶和轻体隔墙
装饰石膏板		○ 装饰石膏板不带护面纸，板材背面四边加厚，并带有嵌装企口，表面利用各种工艺和材料制成了各种图案和花纹 ○ 主要有石膏印花板、石膏浮雕版、纸面石膏装饰板等品种	○ 除了用于吊顶外，还可装饰墙面和墙裙等
吸音穿孔石膏板		○ 是在装饰石膏板和纸面石膏板的基础上，打上贯通石膏板的孔眼，有些还会在石膏板背面粘贴能吸收入射声能的吸声材料，利用它们达到吸音的效果	○ 主要用于制作吊顶 ○ 可用在影音室、会议室、影院等处
嵌装式装饰石膏板		○ 是以建筑石膏为主要原料，掺入适量的纤维增强材料和外加剂，与水一起搅拌成均匀的料浆，经浇注、成型、干燥而成的不带护面纸的板材 ○ 板材背面四边加厚，并带有嵌装企口；板材正面为平面、带孔或带浮雕图案	○ 主要用来制作吊顶
耐火纸面石膏板		○ 以建筑石膏为主要原料，掺入适量耐火材料和大量玻璃纤维制成耐火芯材，并与耐火的护面纸牢固地粘在一起	○ 主要用来制作吊顶和轻体隔墙，适合对防火有需求的环境
耐水纸面石膏板		○ 以建筑石膏为原材料，掺入适量耐水外加剂制成的耐水芯材，并与耐水的护面纸牢固地粘在一起	○ 主要用来制作吊顶和轻体隔墙，适合潮湿的环境

2. 石膏板的选购

建材选购要点

要点	说明
纸面	○ 优质纸面轻且薄，强度高，表面光滑，无污渍，纤维长，韧性好；劣质纸面较重较厚，强度较差，表面粗糙，有时可看见油污斑点，易脆裂
板芯	○ 好的纸面石膏板的板芯白，而差的板芯发黄，含有黏土，颜色暗淡
纸面牢固程度	○ 用裁纸刀在石膏板表面划一个 45° 角的“叉”，然后在交叉的地方揭开纸面，优质的纸面石膏板的纸面依然粘接在石膏芯上，石膏芯体没有裸露；而劣质纸面石膏板的纸面则可以撕下大部分甚至全部，石膏芯完全裸露
密实度	○ 相对而言，石膏板密实度越高越耐用，选购时可用手掂掂重量，通常是越重的越好
看报告	○ 看检测报告应注意是否为抽样检查结果，正规的石膏板生产厂家每年都会安排国家权威的质量检测机构赴厂家的仓库进行抽样检测

3. 石膏板运用实例

（1）根据空间特点选择适合的种类

在使用石膏板时，宜结合使用空间的特点选择合适的款式，如在普通区域中做吊顶或隔墙，平面式的石膏板就可以满足需求，追求个性也可选择浮雕板；如果是在卫浴间或厨房使用，则需要防水或防火的石膏板；而如果是影音室中，则适合选择穿孔石膏板来吸音。需要注意的是，防水石膏板适合搭配轻钢龙骨来施工，木龙骨受潮容易变形。

▲ 卫浴间用石膏板做吊顶时，适合使用防水石膏板

（2）石膏板吊顶宜结合居室面积和高度进行设计

比较低矮的户型，可以采用局部式的条形或块面式吊顶，通过吊顶与原顶的高差，让整体房高显得更高一些，若搭配一些暗藏式的灯光，效果会更明显；如果房间过高，会给人空旷的感觉，就可以用石膏板做整体式的吊顶，来降低房间的高度。同时可以在背景墙的一侧留出一道暗藏灯带，塑造出一种延伸感。

◀ 较低矮的客厅，仅在电视墙部分采用局部式石膏板吊顶，使房间整体高度有所延伸

◀ 较高的客厅采用整体下吊式的石膏板吊顶，减轻了空旷感

（3）石膏板非常适合用来制作背景墙

在家居装饰中，石膏板是塑造背景墙最广泛的装修材料之一。这主要源于石膏板具有良好的装饰效果和较好的吸声性能，价格也较其他装修材料低廉。此外，石膏板的形式很多，主要有带孔、印花、压花、贴砂、浮雕等，可以根据空间及个人的审美风格来选择。

▲用石膏板装饰背景墙，可以制作出较多的造型

（4）石膏板适合制作带有弧度的造型

在墙面或者顶面中，一些有弧度造型的设计，基本都是靠石膏板来完成的，然后在石膏板造型的表面涂刷乳胶漆。在墙面中，这类造型一般设计在电视背景墙及卧室床头墙中，营造一种圆润、舒适的空间感。

▲使用石膏板做出带有弧度的背景墙，搭配船形床，极具趣味性

4. 石膏板的施工与验收

① 施工前期：施工前应根据图纸，先进行弹线定位，尤其是吊顶工程，水平线要找准确。

② 施工中期：拼缝留缝应为3mm，且要双边坡口，不要垂直切口，而后需填满弹性腻子。接口处理好后，需要粘贴嵌缝纸带，钉眼一定要用腻子掺防锈漆进行修补，防止后期生锈返到面层，影响装饰效果。纸面石膏板必须在无应力状态下进行安装，要防止强行就位。

③ 施工验收：看石膏板安装得是否平整，彼此间的接缝是否均匀。

第二节 硅酸钙板

1. 硅酸钙板的种类及应用

硅酸钙板是以硅酸钙为主体材料，经系列工序制成的板材，是石膏板的进阶产品，主要用于吊顶和隔墙的制作。

硅酸钙板具有强度高、重量轻的优点，并有良好的可加工性和阻燃性，不会产生有毒气体。但是硅酸钙板不耐潮，在湿气重的地方（如卫浴间）容易软化；另外若用硅酸钙板做壁材，不宜悬挂重物。

▲本色板

硅酸钙板根据面层装饰情况可分为本色板和“化妆板”两类，前者以白色为主，后者有仿木纹、大理石纹和花岗岩纹等，无需涂装，更适合装饰天花板。硅酸钙板根据用途又可分为微孔硅酸钙板、防火硅酸钙板、防水硅酸钙板和隔墙硅酸钙板等。

▲化妆板

硅酸钙板的种类

名称	特点
微孔硅酸钙板	○具有密度小、强度高、导热系数小、耐高温、耐腐蚀、能切、能锯等特点
防火硅酸钙板	○具有防火、耐高温的特点，适合用于吊顶设计中
防水硅酸钙板	○具有防水、防潮的效果，可以运用到卫浴间、厨房等空间做吊顶或隔墙材料
隔墙硅酸钙板	○具有隔声、隔热、防水的特点，用于隔墙设计中可以很好地隔声，保护空间的隐私

2. 硅酸钙板的选购

建材选购要点

要点	说明
环保性	◎ 看产品是否环保，是否符合《建筑材料放射性核素限量》（GB 6566—2010）标准规定的 A 类装修材料要求
材质	◎ 在选购时，要注意看背面的材质说明，部分含石棉等物质的产品会有害健康
产地	◎ 市面上有些商家会出售仿造的进口产品，因此最好向销售人员索要出厂证明、报关单等，并比对板材上所附的流水号码，看其是否为同一批次的硅酸钙板

3. 硅酸钙板运用实例

（1）可设计多种墙面造型的硅酸钙板

硅酸钙板在少数情况下，也会被直接设计为墙面的造型，而不是仅作为隔墙的结构材料存在。这样设计的硅酸钙板一般会将板材设计成多种造型，再固定在墙体的表面成为背景墙装饰，然后在表面涂刷白色乳胶漆，与墙面形成一个整体。

▲ 在硅酸钙板隔墙的表面可以粘贴木纹壁纸或手绘图案等

（2）种类多样的硅酸钙板成为美化家居的好帮手

硅酸钙板做隔间壁材使用时，外层可覆盖木板。若要美化板材，可以漆上自己喜好的色彩或粘贴壁纸；若不想另外上漆或粘贴壁纸，也可以选择表层印有图案的硅酸钙板，即俗称的“化妆板”。化妆板的图案有很多，如仿木纹、仿大理石等，可选择的种类繁多。

▲ 特殊造型的硅酸钙板隔墙既能装饰空间，又能起到隔音、防火的作用

4. 硅酸钙板的施工与验收

① 施工前期：硅酸钙板做隔墙有干式和湿式两种施工方式，开工前，应根据情况决定适合的施工方式。做吊顶时则建议选择厚度为 6mm 的产品，并明确安装位置。

硅酸钙板施工方式

施工方式	做法
干式	◎ 用木龙骨搭配 C 型钢，并填入隔音棉
湿式	◎ 在两块硅酸钙板中搭配 C 型钢，填入轻质填充浆

② 施工中期：施工时，为了避免日后热胀冷缩造成墙壁变形，在板材与板材之间可保留 2 ~ 3mm 的间隔。隔墙承重力有限，若要悬挂重物需背后钉制铁板或较厚的板材。

③ 施工验收：硅酸钙板在施工时会有钉制的痕迹，因此在后期的验收中应检查外层是否需要上一层墙面漆，或者覆盖装饰面板、壁纸等进行美化处理。

第三节 铝扣板

1. 铝扣板的种类及应用

铝扣板是以铝合金板材为基底，表面使用各种不同的涂层加工得到的吊顶建材。近年来厂家将各种不同的加工工艺都运用到其中，像热转印、釉面、油墨印花、镜面等，以板面花式、使用寿命、板面优势等代替 PVC 扣板。铝扣板可以直接安装在建筑表面，施工方便，防水，不渗水，所以较为适合用在卫浴、厨房等空间。

铝扣板按照功能性可分为吸音板和装饰板两种。吸音板表面冲孔，这些孔洞可以通气吸音，在一些水汽较多的空间，表面的孔可以将水蒸气没有阻碍地向上蒸发到天花上面，甚至可以在扣板内部铺设一层薄膜软垫，潮气可以透过冲孔被薄膜吸收，适合水分较多的环境；装饰板即平面扣板，比较注重装饰性，花色较多。

▲吸音板

▲装饰板

铝扣板按照表面处理方式又可分为覆膜板、滚涂板、滚涂丝印板、滚涂热渗转印板、拉丝板、阳极氧化板等。

铝扣板的种类

名称		特点
覆膜板		○ 在铝扣板表面覆盖一层 PVC 膜制成 ○ 花纹种类多，色彩丰富 ○ 耐气候性、耐腐蚀、耐化学性强 ○ 防紫外线，抗油烟，但表面易变色
滚涂板		○ 在铝扣板表面滚涂上一层高分子涂料 ○ 表面均匀、光滑 ○ 耐高温性能佳，防紫外线 ○ 经久耐用不变色
滚涂丝印板、滚涂热渗转印板		○ 滚涂丝印板在滚涂板的基础上又进行一次丝网印刷，使本来单一的滚涂板变得颜色丰富
		○ 滚涂热渗转印板同样是在滚涂板的基础上进行印刷，但会将油墨渗透到滚涂层里面，表面无凹凸不平感，为数码方式，可以由多种颜色组成
拉丝板		○ 在亮光拉丝的基础上做了进一步产品升级，形成一种独特的纹理光层，增加了产品的高档感和美观度 ○ 板面定型效果好，色泽光亮，具有防腐吸音隔音性
阳极氧化板等		○ 采用流水线一次成型技术，产品尺寸精度更高，安装平整度更高 ○ 耐腐蚀性、耐磨性及硬度增强，不吸尘、不沾油烟 ○ 使用寿命更长，不易掉色

2. 铝扣板的选购

建材选购要点

要点	说明
质地	○ 铝扣板的材质约分为钛铝合金、铝镁合金、铝锰合金和普通铝合金等类型。其中钛铝合金扣板优点较多，而且还具有抗酸碱性强的特点，是在厨房、卫生间长期使用的最佳材料
声音	○ 拿一块样品敲打几下，仔细倾听，声音脆的说明基材好，声音发闷说明杂质较多
漆面	○ 拿一块样品反复掰折，看漆面是否脱落、起皮。好的铝扣板漆面只有裂纹，不会有大块油漆脱落；好的铝扣板正背面都要有漆，因为背面的环境更潮湿

续表

要点	说明
龙骨	◎ 铝扣板的龙骨材料一般为镀锌钢板；龙骨的精度误差范围越小，精度越高、质量越好
表面辨别	◎ 覆膜铝扣板和滚涂铝扣板的表面不好区别，但价格却有很大的差别。可用打火机将板面熏黑，覆膜板容易将黑渍擦去，而滚涂板无论怎么擦都会留下痕迹

3. 铝扣板运用实例

（1）使用集成吊顶最省力

与刚开始流行的铝扣板吊顶不同的是，近年来，很多商家推出了集成式的铝扣板吊顶，包括板材的拼花、颜色，灯具、浴霸、排风的位置都会设计好，而且负责安装和维修，比起自己购买单片的来拼接更为省力、美观。

▲集成式的铝扣板吊顶，比单独的选择板块及电器要更省心省力

（2）卫生间适合选择镂空花型

卫生间由于顶面有管道，在安装扣板后，房间的高度会下降很多，在洗澡时，水蒸气向周围扩散，如果空间很小，人很快就会感到憋闷，镂空花型的铝扣板能使水蒸气没有阻碍地向上蒸发，并很快凝结成水滴，又不会滴落下来，能够起到双重功效。但卫生间不适合选择耐腐蚀性差的铝扣板。

▲卫生间内使用带有镂空花型的铝扣板吊顶，可以避免水滴滴落

（3）厨房适合使用平板

厨房内使用的铝扣板除了要美观外，更重要的是应好清洁，厨房油烟较重，几乎会有 70%~80% 的油烟在天花板上，如果使用镂空花型铝扣板，油烟会渗入到镂空花里，但平板型铝扣板就不会出现这个现象，更容易清洁。如果厨房选择带有浮雕花纹的平板，应选择不沾油烟的，否则不仅不美观，还会显得很脏。

▲ 白色为主的厨房中，使用平板式的铝扣板吊顶，更显整洁

▲ 浅米色的平板铝扣板装饰厨房，便于清洁的同时还可与墙地面色彩呼应

4. 铝扣板的施工与验收

① 施工前期：计算好铝扣板的安装数量，设计好在顶面的拼贴造型	
② 施工中期：铝扣板在安装时需要在装配面积的中间位置垂直于次龙骨方向拉一条基准线，对齐基准线向两边安装。安装时，应轻拿轻放，必须顺着翻边部位的顺序将板材两边轻压，卡进龙骨后再推紧。铝扣板安装完毕后，需用布把板面全部擦拭干净，不得有污物及手印等	
③ 施工验收：检查铝扣板中间灯位内部的电线是否有预留；铝扣板的表面是否平整，有无明显的缝隙	

第四节 其他吊顶材料的种类及应用

除了较为常见的石膏板、铝扣板和硅酸钙板外，还有一些其他类型的吊顶材料，包括夹板、PVC 扣板、矿棉板、玻璃、软膜天花等。

其他吊顶材料的种类

名称		特点
夹板		○ 就是胶合板，是石膏板吊顶盛行前的主要吊顶材料 ○ 与石膏板比较，夹板最大的优点是能制作各种带有弧度的造型 ○ 但是夹板吊顶易变形，防火性能较差，目前较少使用
PVC 扣板		○ PVC 扣板施工快捷、防水、易清洗、价格低 ○ 采用 PVC 扣板制作的吊顶曾经广泛地用于卫浴间和厨房中， ○ 但因其外观装饰性略差、档次低且易变形等缺点，家装中被铝扣板替代
矿棉板		○ 矿棉板是以矿棉渣、纸浆、珍珠岩等为主要原料制成的，一般 ○ 会制作很多空隙，能够有效控制和调整室内声音回响时间，降低噪声 ○ 多与轻钢龙骨搭配，更多地用于公共场所中
玻璃		○ 用玻璃搭配石膏板等制作吊顶是一种比较常见的装饰手法，搭配灯光能够制造出漂亮的光影效果 ○ 常用来制作吊顶的玻璃有彩色玻璃、镜面玻璃、喷砂玻璃等
软膜天花		○ 软膜天花是采用特殊的聚氯乙烯制成的 ○ 材料为柔性，可以设计成各种平面和立体的形状，颜色也非常多样化 ○ 方便安装，可直接安装在墙壁、木方、钢结构、石膏间墙和木间墙上

第五节〉龙骨材料

1. 龙骨的种类及应用

龙骨材料在室内装修中是用于支撑基层的结构、固定结构的骨架材料，广泛地被用于制作吊顶、实木地板、隔墙以及门窗套等木工工程中。

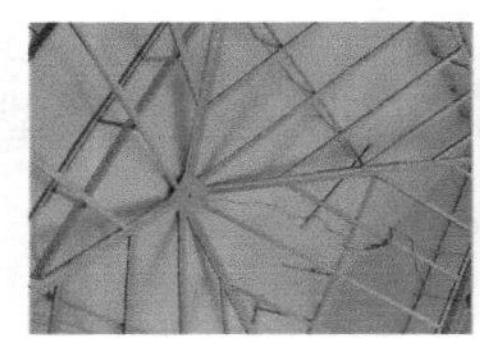

◀ 龙骨在装修中的应用

种类较多，根据使用部位的不同可分为吊顶龙骨、竖墙龙骨、铺地龙骨以及悬挂龙骨等；根据施工工艺的不同可分为承重龙骨和不承重龙骨；根据制作材料的不同，又可分为木龙骨、轻钢龙骨、铝合金龙骨等。

龙骨的种类

名称		原料	特点
木龙骨		○ 木龙骨是一种较为常见的龙骨，又称为木方，多由红松、白松、杉木等树木加工成截面为长方形或方形的木条或木板条	○ 施工方便，容易制作出复杂的造型，在室内装修中应用广泛 ○ 防火性能较差，家居中使用必须涂刷一层防火涂料 ○ 容易遭受虫蛀和腐朽，使用时还需进行防虫蛀和防腐处理
轻钢龙骨		○ 轻钢龙骨是用镀锌钢带或薄钢板轧制经冷弯或冲压而制成的骨架材料	○ 强度高、牢固性好、不易变形 ○ 耐火性好、不受虫蛀 ○ 安装简易、实用性强 ○ 是木龙骨的最佳替代材料
铝合金龙骨		○ 以铝板轧制而成的龙骨材料，是专门用于拼装吊顶的一种龙骨 ○ 材质美观大方，面层可以采用喷塑或烤漆方式进行美化，装饰效果好	○ 刚性强、不宜产生变形 ○ 没有虫蛀、腐朽和防火性能差的问题 ○ 主要是与硅酸钙板和矿棉板搭配 ○ 用于公共空间的吊顶装修中

2. 龙骨的选购

建材选购要点

名称	要点
木龙骨	○ 新鲜的木方略带红色，纹理清晰，如果其色彩呈暗黄色，无光泽，说明是朽木
	○ 看所选木方横切面大小的规格是否符合要求，头尾是否光滑均匀，不能大小不一
	○ 看木方是否平直，如果有弯曲也只能是顺弯，不许呈波浪弯。否则使用后容易引起结构变形、翘曲
	○ 要选木节较少、较小的杉木方，如果木节大而且多，钉子、螺钉在木节处会拧不进去或者钉断木方，会导致结构不牢固，而且使龙骨容易从木节处断裂

续表

名称	要点
木龙骨	○ 要选没有树皮、虫眼的木方，树皮是寄生虫的栖身之地，有树皮的木方易生蛀虫，有虫眼的也不能用。如果这类木方用在装修中，蛀虫会吃掉所有能吃的木质
	○ 要选密度大的木方，用手拿有沉重感，用手指甲划不会有明显的痕迹，用手压木方有弹性，弯曲后容易复原，不会断裂
轻钢龙骨	○ 外形要笔直平整，棱角清晰，没有破损或凹凸等瑕疵，在切口处不允许有毛刺和变形
	○ 外表的镀锌层不允许有起皮、起瘤、脱落等质量缺陷
	○ 优等品不允许有腐蚀、损伤、黑斑、麻点；一等品或合格品要求没有较严重的腐蚀、损伤、黑斑、麻点，且面积不大于 1cm^2 的黑斑每米内不多于三处
	○ 家庭吊顶轻钢龙骨主龙骨采用 50 系列完全够用，其镀锌板材的壁厚不应小于 1mm。不要轻易相信商家规格大，质量才好的说法
铝合金龙骨	○ 要特别注意其硬度和韧度，铝合金龙骨的硬度和韧度都比轻钢龙骨高，如不到达硬度标准，容易造成吊顶在安装过程中下沉、变形

3. 木龙骨施工与验收

（1）木龙骨吊顶

① 施工前期：使用的木龙骨质量应符合要求，并做了防火、防腐处理。截面尺寸应该达到要求，小面积吊顶 25mm × 30mm，大面积吊顶 25mm × 35mm。

② 施工中期：主龙骨间距不大于 300mm，次龙骨间距不大于 400mm，悬臂式龙骨的挑出长度不宜大于 150mm，有特殊设计要求的应依据设计要求处理，但须进行加固。

③ 施工验收：木龙骨安装需牢固，骨架排列应整齐顺直，搭接处无明显错台、错位。木龙骨吊杆间距不应大于 600mm，且在横向龙骨的两侧对称配置，水平木龙骨与罩面板接触的一面必须刨平，次龙骨在搭接处对接错位偏差不应大于 2mm。

（2）木龙骨地板垫层

① 施工前期：木龙骨的规格应符合设计要求，截面最好不要小于 5cm×3cm。

② 施工中期：木龙骨的铺装间距应与木地板的安装要求相吻合，最佳为 30cm；注意看一下安装、固定木龙骨的铁钉长度和硬度是否达标；木龙骨与墙体的连接处是否有合理的间隙；间隙塞垫是否使用的是木楔而不是木块。

③ 施工验收：骨架整体应安装牢固，无松动、散扩的现象。

（3）木龙骨隔墙

① 施工前期：木龙骨的质量应符合要求。

② 施工中期：隔断的尺寸正确，材料规格一致；墙面平直方正、光滑，拐角处方正，交接严密。沿地、沿顶木楞及边框墙筋，各自交接后的龙骨应牢固、平直。

③ 施工验收：检查隔断墙面，用 2m 直尺检测，表面平整度误差小于 2mm，立面垂直度误差小于 3mm，接缝高低差小于 0.5mm。

4. 金属骨施工与验收

（1）金属龙骨吊顶

① 施工前期：龙骨型号应符合要求。其中轻钢吊顶龙骨主龙骨分为 38、50 和 60 三个系列，38 系列用于吊点间距 900 ~ 1200mm 的不上人吊顶，50 系列用于吊点间距 900 ~ 1200mm 的上人吊顶，60 系列用于吊点间距 1500mm 的上人加重

吊顶；墙体龙骨由横龙骨、竖龙骨及横撑龙骨和各种配件组成，有 50、75、100 和 150 四个系列。

② 施工中期：根据图纸先在墙上、柱上弹出水平墨线，画出施工布局；中、小龙骨必须和大龙骨底面贴紧；主龙骨龙骨接头要错开，避免向一边倾斜。每个连接处要打 3 颗螺丝固定。

③ 施工验收：龙骨、吊杆、连接件均应位置正确，材料平整、顺直、连接牢固，无松动。

（2）轻钢龙骨隔墙

① 施工前期：龙骨主件、配件以及紧固材料均应符合设计要求。通常隔墙使用的轻钢龙骨为 C 型隔墙龙骨，分为三个系列，其中 C50 系列可用于层高 3.5m 以下的隔墙；C75 系列可用于层高 3.5~6m 的隔墙；C100 系列可用于层高 6m 以上的隔墙。

② 施工中期：在基体上弹出水平线和竖向垂直线，以控制隔断龙骨安装的位置、龙骨的平直度和固定点；龙骨固定点间距应不大于 1000mm，端部必须固定牢固；门窗或特殊节点处，应使用附加龙骨。

③ 施工验收：骨架必须安装牢固，

第六节 饰面板

1. 饰面板的种类及应用

饰面板也叫贴面板，全称为装饰单板贴面胶合板，它是将天然木材或科技木刨切成一定厚度的薄片，黏附于胶合板表面，然后热压而成的一种用于室内装修或家具制造的面层材料。它的特点是结构强度高，有很好的弹性、韧性，能够轻易地制作出弯曲、圆形、方形等造型，且易加工、涂饰效果好。

饰面板在室内不仅可用于墙面装饰，还能装饰柱面、门、门窗套、踢脚等部位，种类繁多，适合各种家居风格，施工简单，是应用比较广泛的一种板材。

▲饰面板在装修中的应用

饰面板的尺寸为 2440mm×1220mm，根据其表面木皮种类的不同可分为天然木和科技木两类，天然木使用的是天然木材刨切成的木皮，纹理自然，但相对来说种类较少；科技木为人造木皮，纹理变化少，但种类多。按照纹理来分类，饰面板则有数十个品种，常用的有水曲柳、榉木、胡桃木、樱桃木、枫木、橡木、檀木、柚木、沙比利、花樟等。

饰面板的种类

名称		特点
水曲柳		○分为水曲柳山纹和水曲柳直纹 ○呈黄白色，结构细腻，纹理直而较粗
榉木		○分为红榉和白榉 ○纹理细而直或带有均匀点状

续表

名称		特点
胡桃木		○常见有红胡桃、黑胡桃等 ○在涂装前要避免表面划伤泛白，涂刷次数要比其他木饰面板多 1~2 道 ○色泽深沉稳重，透明漆涂装后纹理更加美观
樱桃木		○常用的为红樱桃 ○粉色、艳红色或棕红色，纹理细腻、清晰 ○木纹通直，结构细且均匀 ○效果稳重典雅，合理使用可营造高贵气派的感觉
枫木		○可分直纹、山纹、球纹、树榴等 ○花纹呈明显的水波纹，或呈细条纹 ○乳白色，色泽淡雅均匀 ○质感细腻，花色均衡 ○适用于各种风格的室内装饰
橡木		○可分为白橡和红橡，白色或淡红色 ○花纹类似于水曲柳，但有明显的针状或点状纹 ○山纹纹理最具有特色，具有很强的立体感 ○白橡适合搓色及涂装，红橡装饰效果活泼、个性
檀木		○有黑檀、绿檀、紫檀、红檀等 ○纹理绚丽多变、紧密 ○板面庄重而有灵气，装饰效果浑厚大方
柚木		○常见的有普通柚木、泰国柚木等 ○质地坚硬，细密耐久，耐磨耐腐蚀，不易变形 ○含油量高，不怕晒，适合阳光较强的位置
沙比利		○可分为直纹、花纹、球形 ○加工比较容易，上漆等表面处理的性能良好 ○特别适用于复古风格的居室
花樟		○木纹细腻而有质感 ○纹理成球状，大气、活泼，立体感强、有光泽 ○具有较强的实木感

2. 饰面板的选购

建材选购要点

要点	说明
表皮厚度	◎ 观察贴面（表皮），看贴面的厚薄程度，越厚的性能越好，油漆后实木感越真，纹理也越清晰，色泽鲜明，饱和度好
天然板和科技板的区别	◎ 天然板为天然木质花纹，纹理图案自然，变异性比较大、无规则；而科技木的纹理基本为通直纹理，纹理图案有规则
装饰性	◎ 装饰性要好，其外观应有较好的美感，材质应细致均匀、色泽清晰、木色相近
外观	◎ 表面应光洁、无明显瑕疵、无毛刺，沟痕和刨刀痕；表面有裂纹，裂缝、节子、夹皮、树脂囊和树胶痕的尽量不要选择
表面辨别	◎ 应无透胶、开胶和板面污染现象，胶层结构稳定。要注意表面单板与基材之间、基材内部各层之间不能出现鼓包、分层现象
环保性	◎ 选择污染物释放量低的板材。可用鼻子闻，气味越大，说明污染物释放量越高，危害性越大
证件	◎ 应购买有明确厂名、厂址、商标的产品，并向商家索取检测报告和质量检验合格证等文件

3. 饰面板运用实例

（1）木饰面板具有温馨与质朴感

木饰面板不仅可以令居室更具温馨感，同时还可以呈现出自然的效果，给人以质朴的空间感受。如果觉得木饰面板过于单调，可以通过造型和装饰来丰富空间视觉效果，例如将木饰面板与装饰画或暗藏灯槽结合运用。

▲电视墙使用了浅米灰色的木饰面板，为客厅增添了温馨感

（2）与其他木质材料搭配制造层次感

在同一空间内，木饰面的设计也是可以相互搭配。比如同样是浅色调，在木饰面纹理上做区别，会使得空间设计更丰富。具体设计时，应以背景墙木饰面为基础，其他木饰面家具进行搭配的形式，营造出空间的主次、色调变化。

▲用略浅一些的木饰面搭配同色系略深一些的地板做组合，整体中蕴含层次

（3）饰面板的种类选择可结合面积和采光

在面积小、采光不佳的房间内，建议选择颜色较浅花纹不明显的类型，例如榉木、枫木等；若喜欢深色板材，建议在背景墙等重点位置上部分使用；采光佳且面积宽敞的居室内，饰面板的可选择性则更多一些。颜色特别深的面板最好用在光线充足的一面。

▲较为宽敞的客厅中，使用深色系木饰面板，使空间整体显得更丰满

（4）红色系面板特别适合低调华丽的家居

红樱桃、沙比利、红影木等红色系的木纹饰面板，大面积地使用具有华丽而厚重的感觉，与具有此特点的家居风格相得益彰，比如新中式风格、新古典风格、地中海风格、美式乡村风格等。但此类面板很容易让人感觉过“火”，而造成色彩污染，建议搭配一些对比鲜明的家具。

▲墙面采用了红色系饰面板搭配淡灰色壁纸，表现出东南亚风格的低调华丽感

（5）浅色饰面板可搭配造型增加层次感

浅色系的饰面板，如果木纹本身纹理细小且无节疤，大面积地使用时，容易显得单调。除了后期的家具搭配时选择色差大一些的款式外，还可以适当地用一些造型或与其他材质拼接，来增加层次感，造型并不一定要夸张，简单地将拼缝的位置做宽一些，或者做一些大面积的凹凸，就可以取得不错的效果。

▲背景墙使用了浅色饰面板做装饰，为了避免单调，做了凹凸造型，简洁而复古

4. 饰面板的施工与验收

① 施工前期：使用木饰面板做柜体层板时，施工前要注意饰面板的方向，以免变形；另外要注意贴边皮的收缩问题，宜选用较厚的饰面板。在不影响施工的情况下，用较厚的皮板和较薄的夹板底板，避免产生变形

② 施工中期：木饰面板在墙面施工时，要注意纹路上下要有正片式的结合，纹路的方向性要一致，避免拼凑的情况发生，影响美观	
③ 施工验收：主要检查木饰面的纹理衔接是否自然、无明显接缝	

第七节 其他常用饰面板

1. 其他常用饰面板及应用

除了木饰面板外，还有一些特殊工艺制作的其他类型饰面板，也较常用在室内装修中。它们一些带有实木的纹理效果，一些则脱离了木纹，例如椰壳板、立体波浪板等，用它们来装饰空间往往能够获得个性的效果。这类饰面板具有多种多样的外观造型，能适应多种不同空间、不同位置的设计需要，脱离于传统木纹的纹理变化，为空间提供更个性的装饰效果。

常用的包括有护墙板、椰壳板、风化板、3D 立体波浪板、科定板、美耐板、铝塑板和防火板等。

构造板材的种类

名称		特点	作用
护墙板		○ 原料为实木或木纹夹板，健康环保，吸声降噪 ○ 拼接组装，可拆卸重复利用分为立体板、平面板和中空板，立体板华丽、复古；平面板具有简洁的装饰效果；中空板空白部分可搭配其他材料组合使用	○ 装饰墙面整体或墙裙

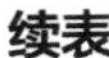

续表

名称		特点	作用
椰壳板		○制作材料为椰壳，采用纯手工制成 ○具有超强的立体感和艺术感 ○吸音效果优于白墙 ○硬度高、耐磨，防潮、防蛀	○装饰墙面、柜门等
风化板		○原料为木皮加底板或实木，梧桐木最常见 ○具有凹凸的纹理感，装饰效果天然、粗犷 ○怕潮湿，不适合厨房、浴室	○装饰墙面、柜门等
3D 立体波浪板		○由复合材料制造 ○立体感强，色彩丰富，天然环保，无甲醛 ○吸音、隔热、阻燃，材质轻盈，防冲撞，易施工	○装饰墙面
科定板		○底层为板材，表层为木皮 ○面层自带漆膜，无需涂装，绿色环保 ○表面光滑，色彩丰富，可以重新还原各种稀有珍贵木材，施工低粉尘	○装饰墙面、家具等
美耐板		○原料为毛刷色纸和牛皮纸，款式及花样多 ○耐高温、高压，耐刮，防焰，耐脏、易清理 ○转角接缝明显	○装饰墙面、家具、橱柜等
铝塑板		○铝塑板又称铝塑复合板，上下层为高纯度铝合金板，中间为 PE 塑料芯板 ○铝塑板质轻、防火、防潮，有金属的质感和丰富的色彩 ○易于加工、成型，能缩短工期、降低成本	○室内多用做办公LOGO墙、展柜等 ○家居应用较少，多用来制作厨卫吊顶
防火板		○以牛皮纸浆加入化工原料，经高温高压制成的一种板材 ○有丰富的表面色彩，纹路以及特殊的物理性能 ○耐火性强，耐磨、耐热、耐撞击、耐酸碱、防霉、防潮	○橱柜或家具的贴面材料

2. 其他常用饰面板的选购

建材选购要点

要点	说明
外观	○ 板材尺寸应规范，厚薄均匀，除特殊品种外，表面应平整、整洁，无色差、破损、光泽不均匀等瑕疵
认证	○ 购买时应选择厂家通过 ISO 9001 认证的企业或获得绿色环保认证、国家质检合格的产品、还应检查定期抽检报告是否合格及厂家工业生产许可证等，最好上网核查一下是否有效
截面	○ 复合类板材，看板材截面是否光滑，板层之间是否开胶、鼓泡，芯板是否有较大缝隙

3. 其他常用饰面板运用实例

（1）仅护墙板可大面积使用

在所有的特殊工艺装饰板中，护墙板是唯一一种适合大面积用于墙面的种类，与其他装饰板不同的是，它不仅仅适用于背景墙部分，而是居室内的所有墙面均可全部使用。但需要注意的是，小面积居室适合简约造型的浅色款式，而大户型则更适合复杂造型的深色款式。

▲ 用护墙板装饰墙面，既可单独大面积使用，也可与壁纸等其他材料组合

（2）选择特殊工艺装饰板可结合家居风格

在选择特殊工艺类型的装饰板时，可以结合家居风格来决定具体的款式，比较容易获得协调的装饰效果。其中，护墙板适用于欧美系风格居室；椰壳板适用于自然风格居室；立体波浪板适用于简约风格或现代风格居室；其他木纹纹理的饰面板则所有风格均适用，选择对应的色彩即可。

▲ 椰壳板具有浓郁的质朴感，用在东南亚风格的居室内，做背景墙主材，协调且个性

第八节 构造板材

1. 构造板材的种类及应用

构造板材是指用来制作基层的一类板材，包括家具框架、墙面造型、门窗套等的制作。种类较多，最广为人知的就是细木工板，其他常用的类型还有密度板、刨花板、奥松板、欧松板、三聚氰胺板、指接板、多层板等。

构造板材的种类

名称		构成	特点
细木工板		○ 也叫大芯板或木工板，室内最常用的板材之一 ○ 上下两层为胶合板，中间为木条，杨木、桦木、松木、泡桐等均可制作木条，其中杨木、桦木的最好 ○ 可用来制作家具、门窗、窗帘盒等，是装修中墙体和木工制作不可缺少的材料	○ 质轻、易加工、握钉力好、不易变形，稳定性高于胶合板 ○ 在生产过程中会使用脲醛胶，甲醛释放量相对较高，环保标准相对偏低 ○ 怕潮湿，应避免用于厨卫空间 ○ 横向抗弯性能差，制作柜体时如果横向跨度大，强度就不能满足要求，需缩短距离
密度板		○ 也叫纤维板，是以木质纤维或其他植物纤维为原料压制成的板材 ○ 有高密度、中密度和低密度三种类型 ○ 主要用与强化地板、门板、家具的制作	○ 结构均匀，边缘牢固，材质细密，表面特别光滑，性能稳定，耐冲击，易加工 ○ 缺点是握钉力不强，所以施工多采用贴而不是钉 ○ 遇水后膨胀率大、抗弯性差，不适合潮湿空间和受力太大的作业
刨花板		○ 由木材或其他木质纤维素材料制成的碎料，施加胶黏剂后在热力和压力作用下胶合成的人造板，又称碎料板、颗粒板、微粒板 ○ 主要用于基层板材、制作普通家具等	○ 横向承重力好，耐污染，耐老化 ○ 价格相对较低，握钉能力较好，加工方便 ○ 甲醛释放量高于密度板，但低于细木工板 ○ 防潮性能不佳，强度不如密度板 ○ 材质疏松、易松动，抗弯性和抗拉性较差，不适合大型或承重要求高的家具

续表

名称		构成	特点
欧松板		○ 学名为定向结构刨花板 ○ 它是以小径材、木芯为原料，刨片后，经热压制成 ○ 多用于制作各种家具	○ 甲醛释放量相对较少，对螺钉的握钉力好，结实耐用，不易变形 ○ 可做受力构件，很适合制作衣柜、书柜等承重高的家具，相对来说价格也比较高
奥松板		○ 以辐射松为原料，将其削片经一种分离专用纤维的热机精炼改变成纤维，然后与一种黏合剂混合并干燥挤压成型 ○ 是细木工板、胶合板、密度板的升级产品	○ 环保耐用，内部结合强度极高 ○ 稳定好，硬度大，承重好，防火防潮性能优于细木工板 ○ 易于加工及各种形式的镶嵌和饰面 ○ 不容易吃普通钉，对螺钉的握钉力好
三聚氰胺板		○ 也叫免漆板、生态板、三氰板等 ○ 基材为刨花板和中纤板，表面为浸泡了三聚氰胺树脂胶黏剂的纹理纸，经热压制成 ○ 用于制造家具和墙面装饰	○ 表面可以任意放置各种图案 ○ 硬度大、耐磨、耐热性好 ○ 表面平滑光洁，易于维护打理 ○ 既是构造材料也是面材，无需叠加饰面和上漆 ○ 市面上很多板式家具均采用三聚氰胺板制作
指接板		○ 由多块木板拼接而成，上下不再粘压夹板，由于竖向木板间采用锯齿状接口，类似两手手指交叉对接，故称指接板 ○ 用于家具、橱柜、衣柜等的优等材料	○ 用胶少，环保、无毒，可直接代替细木工板 ○ 表面带有木材的天然纹理，具有浓郁的自然感 ○ 追求个性效果可无需叠加饰面板而直接作为面材使用 ○ 耐用性逊于实木，受潮易变形
多层板		○ 又叫三夹板和三合板 ○ 由木段旋切成单板或由木方刨切成薄木，再用胶黏剂胶合成的三层或多层的板状材料 ○ 主要用做底板、板式家具的背板、门扇基板等	○ 质轻，易加工，强度好，稳定性好 ○ 不易变形，易加工和涂饰作业 ○ 缺点是含胶量大，污染物释放量难以保证

2. 构造板材的选购

建材选购要点

要点	说明
证件	◎ 选购的时候要查看有无生产厂家的商标、生产地址、防伪标志等
环保等级	◎ 查看产品检测报告中的甲醛释放量，一般正规厂家生产的板材都有检测报告，国家标准要求板材甲醛释放限量应小于 1.5mg/L 才能用于室内，同时室内构造板材的甲醛游离等级分为 E0 级、E1 级和 E2 级，E0 最佳
外观	◎ 复合类板材，看板材截面是否光滑，板层之间是否开胶、鼓泡，芯板是否有较大缝隙
平整度	◎ 从板材的侧面观察整体的平整度，好的板材整体应平直，没有翘曲、变形的情况出现，如果不平整，说明板材材料或加工方式有问题
侧面	◎ 多层胶合或压制的板材，应注意观察侧面，看结构之间的结合是否紧密，有无脱层、脱胶现象

3. 构造板材运用实例

构造板材的种类较多，具体使用时，可根据适用部位以及居住人群的不同，从板材的环保性及耐久性方面来综合性考虑。例如儿童房和老人房尽量以环保为选择出发点；若房间较潮湿，则不宜选择不耐潮的类型；若需要比较多的加工，则应注重握钉能力等；如果家具需要摆放的重物较多，则应选择横向承重能力佳的种类等。

▲卧室比较注重环保性，可选低污染类型的构造板材。

▲客厅比较注重装饰性，可选择便于造型的构造板材。

4. 构造板材的施工与验收

① 施工前期：用于构造结构的板材一定提前挑选好质量，否则会在后期的使用中发生变形的现象。开工前确认好图纸，根据图纸的尺寸下料

② 施工中期：分出不同色泽和残次品，然后按设计尺寸裁割、刨边（倒角）加工，将构造板材固定在骨架上；如果用铁钉则应使钉头砸扁埋入板内达1mm，要求布钉均匀，钉距100mm左右；粘贴板材时要采用专用胶	
③ 施工验收：用手晃动安装好的结构，检查安装是否牢固。看钉眼的位置是否合理，是否影响美观	

第九节 装饰玻璃

1. 装饰玻璃的种类及应用

早期玻璃仅是一种建筑材料，而今发展出了越来越多的装饰用的种类，不再仅限于透明的款式，而出现了很多彩色甚至带有图案的款式。

玻璃是一种非常现代的材料，具有时尚感和超凡的装饰效果，且非常容易打理，能够为家居空间带来时尚而高雅的韵味。

目前室内经常使用的装饰玻璃包括有平板玻璃、中空玻璃、钢化玻璃、彩色玻璃、烤漆玻璃、喷砂玻璃、压花玻璃、雕刻玻璃、裂纹玻璃、彩绘玻璃、夹层玻璃、镶嵌玻璃、玻璃砖、激光玻璃、印刷玻璃等。

装饰玻璃的种类

名称		特点	适用部位
平板玻璃		◎ 也被称为白玻或清玻 ◎ 最为常见和传统的玻璃材料，表面具有较好的透明度且光滑平整 ◎ 分为普通玻璃和浮法玻璃两种类型，浮法玻璃的各方面性能更优秀一些	◎ 主要用做门窗玻璃 ◎ 也可与壁纸等搭配叠加在上层做装饰

续表

名称		特点	适用部位
中空玻璃		◎ 用两片（或三片）平板玻璃或钢化玻璃制成，中间为真空或充入阻隔热传导的惰性气体 ◎ 它的隔热性能是普通玻璃的 2 倍，且中间的空气层越厚，隔热、隔音性能越好	◎ 主要用做门窗玻璃，是目前建筑窗户用玻璃的首选 ◎ 比平板玻璃有着更好的隔音、隔热、节能性能
钢化玻璃		◎ 是一种安全玻璃，相同厚度下，强度比普通平板玻璃高 3 ~ 10 倍 ◎ 抗冲击，具有良好的热稳定性，抗弯强度是普通玻璃的 3 ~ 5 倍 ◎ 碎裂后为颗粒，不伤人	◎ 可用来制作推拉门、全玻璃门、隔断墙、楼梯扶手以及玻璃搁板等 ◎ 必须按照尺寸定做，成品无法更改尺寸
彩色玻璃		◎ 一种非常常见的装饰玻璃，各种色彩是在玻璃原料中加入金属氧化剂制成的有透明、半透明和不透明三类 ◎ 常用的有黑镜、灰镜、超白镜、茶镜等多种类型	◎ 可直接用来制作隔断、装饰墙面，也可用来制作家具柜门或推拉门
烤漆玻璃		◎ 也叫背漆玻璃，是在玻璃背面喷漆后烤制而成的，是一种极富表现力的装饰玻璃 ◎ 抗紫外线、抗颜色老化性强，色彩较多，还可定制图案	◎ 可用来装饰墙面、台面、楼梯围栏、柱面、天花、家具柜门等位置
喷砂玻璃		◎ 是用压缩空气将金刚砂喷至平板玻璃上研磨制成的，多用来代替磨砂玻璃 ◎ 具有半透明的雾面效果，透光不透视，射入的光线经过喷砂玻璃后会变得柔和、不刺目	◎ 可用来制作隔断、屏风、门窗、家具等 ◎ 特别适合需要保护隐私的空间，如浴室
压花玻璃		◎ 又称花纹玻璃和滚花玻璃，表面有花纹图案，可透光，但却能遮挡视线 ◎ 透光不透明，且透视性因距离、花纹的不同各异 ◎ 花纹和图案漂亮精美，具有良好的艺术装饰效果	◎ 可用于背景墙、门窗、室内隔断、家具柜门、卫浴等处
雕刻玻璃		◎ 雕刻玻璃就是在玻璃上雕刻各种图案和文字，可以做成通透的和不透的 ◎ 立体感超强，装饰效果华丽、个性，图案可定制设计	◎ 适合做隔断、屏风和墙面造型

续表

名称		特点	适用部位
裂纹玻璃		◎ 也叫冰花玻璃，是在喷砂玻璃上涂抹一层胶液，利用胶液干燥过程中造成的体积收缩，形成不规则的撕裂纹理制作的	◎ 适合制作隔断、门窗等
彩绘玻璃		◎ 是用特殊颜料直接着墨于玻璃上，或者在玻璃上喷雕成各种图案再加上色彩制成的 ◎ 可逼真地对原画复制，可进行擦洗，图案丰富亮丽、具有很强的立体感，装饰效果华丽	◎ 可用来装饰墙面、柜面，制作隔断、屏风等
夹层玻璃		◎ 在两片或多片玻璃之间加入其他物质制成的复合玻璃，属于安全玻璃的一种，可制成直面和曲面	◎ 可用来装饰隔断、屏风、门等，也可用于室外
镶嵌玻璃		◎ 是利用各种金属嵌条、中空玻璃密封胶等材料将钢化玻璃、浮法玻璃和彩色玻璃，经过一系列工艺制造成的高档艺术玻璃 ◎ 可将其他艺术玻璃随意组合，具有华美的装饰效果，款式、花色众多，可定制	◎ 主要用于门窗、室内隔断、家具柜门、卫浴等处
玻璃砖		◎ 玻璃砖是用透明或颜色玻璃料压制成形的块状或空心盒状的玻璃制品 ◎ 体积小、重量轻，施工简捷、方便，隔音、隔热、防水	◎ 多数情况是作为结构材料使用的 ◎ 如制作墙体、屏风、隔断等，无论是直线还是曲线均可满足
激光玻璃		◎ 是一款夹层玻璃，在同一块玻璃上可形成上百种图案 ◎ 处于任何光源照射下时，都将因衍射作用而产生色彩的变化。在同一受光点或受光面时，随着入射光角度及人的视角的不同，所看到的光的色彩及图案也不同	◎ 可用于墙面、顶棚、地面、柱面、家具面的装饰
印刷玻璃		◎ 用数码打印技术将图案印刷在玻璃上制作的一种艺术玻璃 ◎ 图案清晰，可定制创意图案，制作简单，色彩靓丽，效果逼真，色彩可自主选择	◎ 隔断、屏风、衣柜门、淋浴隔断、厨房墙面均可使用

2. 装饰玻璃的选购

建材选购要点

要点	说明
色彩	○ 一些彩色的玻璃，从正面看色彩应纯正、均匀，亮度佳、无明显色斑，背面的漆膜应光滑，没有颗粒或很少有明显的颗粒
图案	○ 带有图案的玻璃，应查看图案的印刷或制作是否清晰，上色是否均匀，有无缺色少色的地方，有无过多的砂眼、颗粒等问题，尤其是大面积的图案，有缺陷会显得不够精致
厚度	○ 从侧面观察玻璃的厚度，薄厚应均匀，尺寸应规范
缺陷	○ 仔细观察玻璃中有无气泡、结石和波筋、划痕等明显缺陷
安全性	○ 安全玻璃应带有“CCC”认证标志，特别是钢化玻璃
品牌	○ 尽量选择历史比较悠久的大品牌的产品，质量较有保证

3. 装饰玻璃运用实例

（1）部分装饰玻璃可扩大空间感

反射较强的装饰玻璃，可以模糊空间的虚实界限，具有扩大空间感的作用，在家居空间中，客厅、餐厅可以大面积地使用。特别是一些光线不足、房间低矮或者梁柱较多无法砸除的户型，使用此类建材，可以加强视觉的纵深，制造宽敞的效果。壁面玻璃的色彩选择，可结合家居风格来进行。

▲背景墙两侧对称式地使用一些玻璃，搭配石膏板造型，美观又能够彰显宽敞感

（2）具有特点的可做背景墙使用

通常装饰玻璃都是被运用在门、窗以及隔断上的，但有一些具有完整画面的装饰玻璃，还可以用在背景墙上，例如彩绘玻璃，它可以完全复制一幅画，将其用玻璃呈现出来，搭配灯光后更为华美，除此之外，镶嵌玻璃和琉璃玻璃也可搭配造型用在背景墙上。但没有画面感的艺术玻璃，就不适合用在墙面上，会显得单调。

▲沙发背景墙用白色石膏板和黑色底花朵图案的彩绘玻璃相组合，比装饰画更具立体感，且更时尚

▲茶镜非常适合现代风格居室，搭配浅色木纹装饰背景墙，现代又不失温馨感

4. 装饰玻璃的施工与验收

① 施工前期：将需要安装的玻璃，按照部位、规格码放好。对于不能切割的玻璃应再次核对尺寸，以免安装不上。需拼接图案的先按照图纸进行一次试拼。

② 施工中期：磨砂玻璃、压花玻璃的花纹面应面向室内安装，但在卫浴间中需要背向水源；安装玻璃时要不断调整玻璃块的水平、垂直位置，保证其标准的横平、竖直、面平。

③ 施工验收：图案的安装方向应符合设计要求；玻璃表面应整洁、干净，无划痕、裂纹等问题；玻璃安装应牢固，晃动无松动感。

第十节 装饰五金

1. 装饰五金的种类及应用

五金的体积不大，却是使用频率非常高的部件。目前人们对五金件的选择主要集中在款式上，总觉得漂亮就好，但在实际应用中，往往忽略了五金件使用的重要性。即使一些主要材料选用得质量非常好，如果没有好的五金件与之配合，同样也会影响到家具和门窗的功能性，严重的还会大大缩短其使用寿命，反而因为小的部件影响到了大的功能。

五金的种类很多，常用的包括锁具、铰链、滑轨、滑轮、拉手、拉篮、门吸等。

装饰五金的种类

名称		特点
锁具		○ 锁具通常由锁头、锁体、锁舌、执手、覆盖板部件及配件组成，种类繁多，有机械式的，也有电子式的 ○ 按照外形可分为球形锁、执手锁、门夹以及门条等 ○ 按照用途可分为：户外锁、室内锁、浴室锁、防盗锁、电子锁、指纹门锁、通道锁、抽屉锁、玻璃橱窗锁等 ○ 按照材料可分为：铜、不锈钢、铝合金等，铜和不锈钢的锁具强度最高、最为耐用
滑轨		○ 滑轨分为推拉门滑轨、抽屉滑轨和门窗滑轨等，其最重要的部件是滑轨的轴承结构，直接关系到滑轨的承重能力 ○ 常见的有钢珠滑轨和硅轮滑轨两种，前者能够自动排除滑轨上的灰尘和脏污，保证滑轨的清洁；后者静音效果较好

续表

名称		特点
合页		○ 合页是各种门扇开启闭合的重要部件，不仅要承受门的重量，还必须保持门外观上的平整度，日常生活中开关门很频繁，使用了质量不佳的合页可能会导致门板变形、错缝不平等问题 ○ 制作合页的材料有不锈钢、铜、合金、塑料和铸铁，其中钢制合页是相对来说质量最好的 ○ 有的合页带有多点制动位置定位，当门扇在开启的时候可以任意地停留在一个角度，不会回弹，非常便利
滑轮		○ 滑轮主要用于需要滑动开关的门扇上，如推拉门、折叠门等，滑动门的开关顺畅基本上都要依靠滑轮来实现 ○ 制造滑轮的轴承必须是多层复合结构，外层为高强尼龙结构，承受力的内层为钢结构，才能保证其使用寿命
拉手		○ 拉手是拉或操纵“开、关、吊、提”的用具，现代的拉手颜色形状各式各样，不仅实用，且具有很强的装饰性 ○ 目前拉手的材料有锌合金拉手、铜拉手、铁拉手、铝拉手、原木拉手、陶瓷拉手、塑胶拉手、水晶拉手、不锈钢拉手、亚克力拉手、大理石拉手等，相对来说不锈钢和铜的较好
拉篮		○ 主要用于橱柜内部，能够提高橱柜的利用率和使用率，让物品的取用和摆放更便利 ○ 材质有不锈钢、镀铬、烤漆等 ○ 用途可分为炉台拉篮、抽屉拉篮、转角拉篮等
门吸		○ 门吸安装在门后面，在门打开以后通过门吸的磁性将其稳定住，防止门被风吹后会自动关闭，同时也防止在开门时用力过大而损坏墙体 ○ 门吸分为墙吸和地吸两种类型，如果墙上不方便安装墙吸，就可以用地吸来代替

2. 装饰五金的选购

建材选购要点

名称	要点
门锁	○ 选择有质量保证的生产厂家生产的锁，同时看门锁的锁体表面是否光洁，有无影响美观的缺陷
	○ 将钥匙插入锁芯孔开启门锁，看是否畅顺、灵活；旋转门锁执手、旋钮，看其开启是否灵活
	○ 一般门锁适用门厚 35 ~ 45mm，但有些门锁可延长至 50mm，锁舌伸出的长度不能过短

续表

名称	要点
门吸	◎ 门吸主要查看其磁性的强弱，磁性弱的吸附门扇不牢固
合页	◎ 合页的好坏取决于轴承的质量，一般来说，轴承的直径越大越好、壁板越厚越好，还可开合、拉动几次，看开启是否轻松、灵活、无噪声
滑轮	◎ 滑轮主要看材质，目前市面上的有塑料、金属和玻璃纤维三种，玻璃纤维的耐磨性好，滑动顺畅，较为耐用，相对最佳
滑轨	◎ 滑轨有铝合金和冷轧钢两种材质，铝合金的轨道噪声小，冷轧钢的较为耐用，但无论选哪种材质，轨道和滑轮的接触面必须平滑，拉动时流畅、轻松
拉篮、拉手	◎ 表面应光滑、无毛刺，摸上去应有滑腻感

3. 装饰五金的施工与验收

① 施工前期：认真检查五金的配件是否齐全，有无安装说明书，如有特殊安装要求应按照要求安装。

② 施工中期：严格按照要求来施工安装，固定一定要牢固，安装的尺寸和位置要精准。

③ 施工验收：五金件是否生锈，门锁是否开关顺畅，锁具把手是否牢固，配件安装是否齐全；门吸的吸力是否足够，有无松动情况；滑动或拉动的五金应灵活、顺畅，无噪声。

第十一节 装饰线条

1. 装饰线条的种类及应用

装饰线条主要用于装饰工程中各界面的交界处，起到划分界面、收口封边、连接、固定等作用。除此之外，现在的线条款式非常多样，本身也非常漂亮，所以同时还能起到不错的装饰效果。

按照制作材质来分类，常用的有木线、石材线、金属线、石膏线和 PU 线等。

装饰线条的种类

名称	特点
木线	◎ 木质线条从材料分为实木线条和复合线条 ◎ 实木线条原料为木材，主要树种多为柚木、山毛榉、白木、水曲柳、椴木等；其纹理自然、浑厚；表面光滑，棱角、棱边、弧面、弧线挺直、圆润，轮廓分明；耐磨、耐腐蚀、不易劈裂、上色性好、易于固定 ◎ 复合线条是以纤维密度板为基材，表面通过贴塑、喷涂形成丰富的色彩及纹理
石材线	◎ 多以大理石和花岗岩为原料制作 ◎ 具有石材的诸多特点，非常适合搭配石材的墙、柱面做装饰，具有协调的美感 ◎ 同时还可做门套线和装饰线
金属线	◎ 有铝合金和不锈钢两种 ◎ 铝合金线具有质轻、耐腐蚀、耐磨等优点，表面还可涂装一层透明的电泳漆膜，涂装后更加美观 ◎ 不锈钢线性能与铝合金线类似，但相比铝合金线来说具有更强的现代感，表面光洁如镜，很适合现代风格的居室
石膏线	◎ 石膏线条是以石膏为主加入骨胶、麻丝、纸筋等纤维，增强石膏的强度制成的装饰线条 ◎ 是最为常用的一种装饰线条，多用做天花角线和墙面腰线 ◎ 石膏线具有防火、阻燃、防潮、质轻、强度高、不变形、施工方便、加工性能和装饰效果好等特点
PU 线	◎ 原料为硬质 PU 泡棉，在灌注机中以两种成分高速混合，然后进入模具成型制成 ◎ 除具有石膏线的优点外，还具有抗蛀、防霉、耐酸碱，可水洗，使用寿命长，花纹立体感强等优点 ◎ 表面可用乳胶漆或油漆饰面 ◎ 性能比石膏线要好，但价格是石膏线的 3 倍左右

2. 装饰线条的选购

建材选购要点

名称	要点
木线	◎ 表面应平整，手感光滑、无毛刺，质感好，不能有扭曲和斜弯，无变形显现
	◎ 每根木线条的色彩应均匀，漆面光洁，没有霉点、开裂、腐朽、虫眼等缺陷

续表

名称	要点
石膏线	◎优质的石膏线表面色泽洁白且干燥结实，表面造型棱角分明，没有气泡，不开裂
	◎成品石膏线内要铺数层纤维网，来增加石膏线的强度。劣质石膏线内铺网的质量差，未满铺或层数很少。可以从断面看内部的网质和层数，来判断其质量的好坏
	◎优质石膏线条的浮雕花纹凸凹应在 10mm 以上，且花纹制作精细
	◎用手指弹击石膏线表面，优质的线条会发出比较清脆的声音
PU 线	◎外观要求饱满自然，棱角清晰，表面无杂质、脏污、脱色或者是油漆堆砌等现象
	◎看线条的切面，质量好的线条切面结构均匀紧密，无气孔或者小洞，两根线条拼接时无缝隙
	◎相对来讲，产品密度大的线条，其同款产品相对较重，而且韧性较好

3. 装饰线条运用实例

（1）不同材质作用不同

所有的装饰线条中，木线条在室内装修中的作用最广泛，既可以作为各种门套及家具收边线条，也可作为天花角线，还能用做墙面造型线。而其他材质的线条，主要是用做顶角线、墙面造型或腰线使用。石膏线条则多用于一些欧式或比较繁复的风格中做装饰。需要注意的是，实木线不适合潮湿地区，可用其他线条代替。

▲极简风的客厅内，顶面仅用石膏线做装饰，简洁而无单调感

（2）线条宽窄可根据室内面积选择

装饰线的宽度有很多种可以选择，可以参考室内的面积来定宽窄，整体比例会更舒适。面积大的室内空间搭配宽一些的款式比较协调，雕花或者纹路可以复杂一些，特别是欧式风格的居室，非常适合这样选择；而面积小一些的空间，建议采用窄一些的线条，款式比较简洁为佳。

▲顶面和墙面的交界处以及墙面均使用了带有描金装饰的 PU 装饰线，使法式风格的卧室内低调的奢华感更强烈

▶客厅面积较宽敞，选择略宽一些的线条装饰墙面，整体比例更协调

4. 装饰线条的施工与验收

① 施工前期：将需要粘贴装饰线条的部位基面清理干净；如果是石膏线，需要将原墙的腻子层铲除，露出水泥面；线条可粘贴，也可钉接，条件允许最好选择粘贴	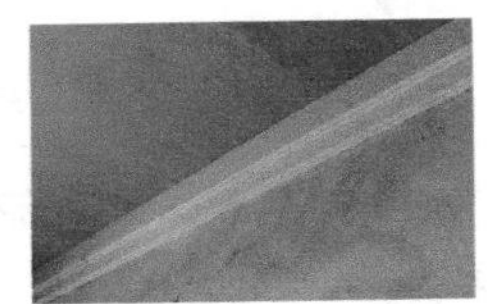
② 施工中期：根据施工图纸，在要安装线角的部位弹出定位线；装饰线条的拼缝、对口要做好，且对口位置应远离人的视平线，置于不显眼处	
③ 施工验收：完工的线条与墙身应连接牢固；从侧面看应笔直无波浪纹；5m 长度内安装水平度误差应小于 2mm；拼缝平顺、无明显拼接痕迹，阴阳角接缝棱角清晰；表面应平整、洁净、色泽一致	

第十二节 实木地板

1. 实木地板的种类及应用

实木地板是采用大自然中的珍贵硬质木材烘干后加工制成的，是真正的天然环保产品。它基本保持了原料自然的花纹，脚感舒适，且具有良好的保温、隔热、隔声、吸声、绝缘性能。缺点是难保养，且对铺装的要求较高，一旦铺装不好就会造成一系列问题，如有声响等。

实木地板基本适用于任何家庭装修风格，但用于乡村、田园风格更能凸显其特征。它比较适合铺装在客厅、卧室和书房等干燥的空间中。

按照加工方式可分为素板和漆板两种。素板表面不上漆，需要安装后再进行油漆处理；漆板所用油漆多为 PU 漆或 UV 漆，比较来说 PU 漆的性能更好一些。

▲素板

▲漆板

按照实木地板的纹理又可将其分为软实木地板、粗纹实木地板、浅色实木地板和深色实木地板。

实木地板的种类

名称		特点
软实木地板		○包括水曲柳、桦木等材料 ○具有脚感舒适、触感温暖等特点
粗纹实木地板		○包括柚木、槲栎（柞木）、甘巴豆、水曲柳等 ○具有纹理较粗且凹凸质感强烈等特点
浅色实木地板		○包括加枫、水青冈（山毛榉）、桦木等 ○地板的色调普遍偏浅淡
深色实木地板		○包括香脂木豆（红檀香）、重蚁木（一些商家称为紫檀木，实际并不是常规所指小叶紫檀）、柚木、棘黎木（乔木树参、玉檀香）等 ○色彩较深，具有深沉的视觉效果

2. 实木地板的选购

建材选购要点

要点	说明
外观	○看地板是否有死节、开裂、腐朽、菌变等缺陷；并查看地板的漆膜光洁度是否合格，有无气泡、漏漆等问题
木种	○有的厂家为促进销售，将木材冠以各式各样不符合木材学的美名，如“金不换”“玉檀香”等；更有甚者，以低档木材充高档木材，购买者一定要学会辨别
精度	○一般木地板开箱后可取出 10 块左右徒手拼装，观察企口咬合、拼装间隙、相邻板间高度差的情况。若严丝合缝、手感无明显高度差即可

续表

要点	说明
含水率	○ 国家标准规定木地板的含水率为 8%~13%。一般木地板的经销商应有含水率测定仪，如果没有则说明其对含水率这项技术指标不重视。购买时先测展厅中选定的木地板的含水率，再测未开包装的同材种、同规格的木地板，如果相差在 2%以内可认为合格
数量加损耗	○ 一般 20m^2 房间的材料损耗在 1m^2 左右，所以在购买实木地板时不能按实际面积购买，以防止日后地板的搭配出现色差等问题

3. 实木地板运用实例

（1）宜窄不宜宽，宜短不宜长

实木地板规格选择原则为：宜窄不宜宽，宜短不宜长。原因是小规格的实木条更不容易变形、翘曲，同时价格上要低于宽板和长板，铺设时也更灵活，且现在大部分的居室面积都比较中等，小板块铺设后比例会更协调。如果是别墅中面积大的空间，就不适合选择小板块。

▲窄而小板块的实木地板，用在小面积的卧室和客厅中，感觉更协调

（2）结合使用空间选择地板强度

一般来讲，木材的密度越高，强度也越大，质量越好，价格当然也越高。但不是家庭中的所有空间都需要高强度的实木地板，客厅、餐厅等这些人流活动大的空间可选择强度高的品种，如巴西柚木、杉木等；而卧室则可选择强度相对低一些的品种，如水曲柳、红橡、山毛榉等；而老人住的房间则可选择强度一般但十分柔和温暖的柳桉、西南桦等。

▲客厅为家居主要活动空间，宜选择强度较高的实木地板

4. 实木地板的施工与验收

① 施工前期：铺设实木地板前要注意地面的平整度和高度是否一致，而且最好在地板上先铺设一层防潮布；两片防潮布之间要交叉摆放，交接处留有约 15cm 的宽度，以保证防潮效果。

② 施工中期：实木地板的安装基本上有三种：一种是采用地板胶直接贴在室内的水泥地面上，这

种方法适合地面平坦、小条拼木地板；第二种是在原地面上架起木龙骨，将地板条钉在木龙骨上，这种方法适合长条木地板；第三种是未上漆的拼装木地板块，在安装完毕后需用打磨机磨平，用砂纸打光，再上腻子，最后涂刷。

③ 施工验收：实木地板铺设完成之后，要先试着在上面走一走，确定实木地板没有声音，如有声音要及时校正。同时应确认房门是否能够顺利开关。

第十三节 竹地板

1. 竹地板的种类及应用

竹地板以天然优质竹子为原料，经过二十几道工序，脱去竹子原浆汁，经高温高压拼接，再经过多层油漆，最后红外线烘干而成。它有竹子的天然纹理，清新文雅，给人一种回归自然、高雅脱俗的感觉。

▲竹地板

竹地板纹理细腻流畅、防潮防湿防蚀以及韧性强、有弹性，兼具有原木地板的自然美感和陶瓷地砖的坚固耐用。与实木地板相比色差小、硬度高、韧性强、富有弹性，冬暖夏凉。且竹子的生长周期比实木短，是非常环保的建材。但竹木地板相比较实木地板，原材料的纹理较单一，样式有一定的限制。

▲竹木复合地板

竹木地板的组成结构有竹地板和竹木复合地板两种，后者为竹地板的主流产品，它的面板和地板是上好的竹材，中间的芯层多为杉木、樟木等木材，稳定性佳，结实耐用。

竹木地板的种类包括有：实竹平压地板、实竹侧压地板、实竹中衡地板、竹木复合地板、重竹地板等。

竹地板的种类

名称		特点
实竹平压地板		◎ 采用平压工艺制作而成，使竹木地板更加坚固、耐用 ◎ 纹理自然，质感强烈，防水性能好
实竹侧压地板		◎ 采用侧压工艺，其优点在于接缝处更加牢固，不容易出现大的缝隙 ◎ 纹理清晰，时尚感强 ◎ 耐高温，不易变形
实竹中衡地板		◎ 其内部构造工艺比较复杂，不易变形，整体的平整度较高 ◎ 质地坚硬，表面有清凉感 ◎ 防水、防潮、防蛀虫
竹木复合地板		◎ 采用竹木与木材混合制作而成，有较高的性价比 ◎ 可选择性多样，为市面上的主流产品 ◎ 纹理多样，样式精美
重竹地板		◎ 采用上等的竹木制作而成，花纹十分具有特点 ◎ 纹理细腻自然，丝质清晰 ◎ 平整平滑，不易虫蛀，不变形

2. 竹地板的选购

建材选购要点

要点	说明
外观	◎ 观察竹木地板的表面漆上有无气泡，是否清新亮丽，竹节是否太黑；竹节太黑说明质量不佳，会出现不耐用、易磨损的情况，而且也影响美观
	◎ 本色竹地板的颜色应为金黄色，且通体透亮；炭化竹地板为古铜色或褐色，颜色均匀。除仿古地板外，竹地板的色调应均匀一致，允许有不影响装饰效果的轻微色差存在
封漆方式	◎ 要注意竹木地板否是为六面淋漆。由于竹木地板是绿色自然产品，表面带有毛细孔，会因吸潮而变形，所以必须将四周与底面、表面全部封漆
年龄	◎ 竹子的年龄并非越老越好，最好的竹材年龄为 4~6 年。4 年以下的没成材，竹质太嫩；年龄超过 9 年的竹子属于老毛竹，皮太厚，用起来较脆 ◎ 可用手拿起一块竹木地板观察，若拿在手中感觉较轻，说明采用的是嫩竹；若眼观其纹理模糊不清，说明此竹材不新鲜，是较陈的竹材
背面	◎ 然后看四周有无裂缝，有无批灰痕迹，是否干净整洁。看背面有无竹青竹黄剩余，是否干净整洁。购买后，不要忘记需要查验货物，看样品与实物是否有差距

3. 竹地板运用实例

（1）不同色彩适合不同风格

竹地板分为本色和炭化两个大的类别，本色产品为竹本色，即金黄色，此种比较适合用在简约风格的家居中，简约大方，既能够增添一些温馨感，又不会让人感觉过于抢眼；炭化色的竹木地板颜色较厚重，能给人以一种温暖、愉悦的感觉，可以获得或苍劲古朴、或风雅自然的效果，比较适合古典一些的风格。

▲简约风格的家居中，适合搭配本色竹地板

▲复古风格的家居中，适合搭配炭化竹地板

（2）追求个性感可选重竹地板

大部分款式的竹地板花纹都比较均匀，不如木地板的层次感丰富，较为单调，如果喜欢竹地板并追求个性一些的效果，可以选择带有渐变色的重竹地板来铺设地面，不规则的纹理具有很高的辨识性和独特性。但此种地板适合搭配素净的墙面，若墙面花纹较多，就会显得层次过多。

▲较为宽敞的卧室内，使用带有拼色效果的重竹地板，极具个性感

4. 竹地板的施工与验收

① 施工前期：安装前应将地面清理干净，保证地面的平整度。

② 施工中期：施工时先装好地板，再安装踢脚板。需要使用 1.5cm 厚度的竹木地板做踢脚板，安全缝内不能留任何杂物，以免地板无法伸缩。

③ 施工验收：地板板块之间拼接应严密、平整，表面整洁无脏污、划痕等损伤；卫浴、厨房和阳台与竹木地板的连接处应做好防水隔离处理；另外，竹木地板安装完毕后 12 小时内不要踩踏。

第十四节 软木地板

1. 软木地板的种类及应用

▲粘贴式

▲锁扣式

软木地板被称为是“地板的金字塔尖上的消费”，主要材质是橡树的树皮，与实木地板比更具环保性、隔音性，防潮效果也更佳，具有弹性和韧性，且可以循环使用。除此外还具有防滑、耐磨、抗静电、阻燃、保温、柔软有弹性等优点。

软木地板能够产生缓冲，降低摔倒后的伤害程度，非常适合有老人和幼儿的家庭使用。软木地板安装时不用拆除旧的地板即可铺设。但它的价位较高，且经常需要花费一定的时间进行打理。

软木地板的安装方式有粘贴式和锁扣式两种。粘贴式的结构以三层为主，可用于地面、也可用于墙面，常见规格为305mm×305mm、300mm×600mm以及450mm×600mm，厚度有4mm、6mm、8mm三种；锁扣式的结构有六层，主要用于地面，常见规格为305mm×915mm×10.5mm，450mm×600mm×11mm。

软木地板可分为纯软木地板、表面涂装软木地板、PVC贴面软木地板、多层复合软木地板等，家装适合选择第一种和第二种。

软木地板的种类

名称		特点
纯软木地板		○表面无任何覆盖，完全由软木制成 ○属于早期产品，脚感最佳，非常环保
表面涂装软木地板		○表面涂装UV清漆、色漆、光敏清漆、PVA或PU漆，PU漆相对柔软，可渗透进地板，不容易开裂变形 ○根据漆种不同，又可分为高光、亚光和平光三种 ○此种地板对软木地板表面要求比较高，所用的软木料较纯净
PVC贴面软木地板		○结构通常为四层，表层采用PVC贴面，第二层为天然软木装饰层，第三层为胶结软木层，最底层为应力平衡兼防水PVC层 ○纹理丰富，可选择性高，表面容易清洁与打理，防水性好
多层复合软木地板		○面层为聚氯乙烯贴面，第二层为天然薄木，第三层为胶结软木，底层为PVC板，与PVC贴面软木地板一样防水性好，同时又使板面应力平衡

2. 软木地板的选购

建材选购要点

要点	说明
外观	◎ 先看地板砂光表面是不是很光滑，有没有鼓凸的颗粒，软木的颗粒是否纯净，这是挑选软木地板的第一步，也是很关键的一步
做工	◎ 取 4 块相同地板，铺在玻璃上，或较平的地面上，拼装观其是否合缝 检验板面弯曲强度，将地板两对角线合拢，观其弯曲表面是否出现裂痕，无则为优质品
胶合强度	◎ 将小块试样放入开水泡，其砂光的光滑表面鼓泡，表面凹凸不平，即为不合格品，优质品遇开水表面应无明显变化
颜色	◎ 软木地板的好坏一是看是否采用了更多的软木。软木树皮分成几个层面：最表面的是黑皮，也是最硬的部分，黑皮下面是白色或淡黄色的物质，很柔软，是软木的精华所在。如果软木地板更多地采用了软木的精华，质量就高些
密度	◎ 软木地板密度分为 400 ～ 450kg/ m^3、450 ～ 500 kg/ m^3 以及大于 500 kg/ m^3 三级。一般家庭选用第一种就足够，若室内有重物，可选稍高些的

3. 软木地板运用实例

（1）老人房和儿童房的最佳选择

软木地板安静、舒适、耐磨，缓冲性能非常好，且柔软，孩子非常淘气，经常会摔倒，而老人则因为行动力下降，难免会摔倒，在老人房和儿童房使用软木地板能够避免因摔倒而产生的磕碰和危险，为家人提供更安全的环境。

▲ 儿童房使用软木地板，可以为孩子提供更舒适、安全的环境

（2）可用在厨房中装饰地面

软木地板与其他地板的最大区别是它具有优质的防潮性能，所以在开敞式的厨房中，也可以放心地使用，不仅让厨房更美观，更具品位，也可以利用其弹性和防滑性能为烹饪者提供更舒适的工作环境。虽然软木地板的防潮性能很好，但干湿不分离的卫浴间内不适合使用。

◀ 在厨房内使用软木地板，不仅舒适，且能够彰显家居的品位和高档感

4. 软木地板的施工与验收

① 施工前期：地面的湿度对软木地板的寿命起着决定性的作用，在铺设前一定要检测地面的湿度情况。可以用电磁感应湿度测量仪或湿度计测量，随机测量 5 个点，并用塑料薄膜将四边封住，1 小时后检查湿度值，湿度要小于 20%，如果湿度超过施工标准，应等地面干燥以后再进行

② 施工中期：在安装前要检查地面的平整度，对不平整的地面可以用打磨机打磨地面使其平整，而后将地面清理干净；地面涂界面剂，再做一层自流平水泥，再次找平再开始铺地板；粘贴式软木地板铺设前要对软木地板背面进行涂胶；铺设时应在地面画线，然后从中间向两边铺；每片地板要对齐边缝再粘贴，并用橡胶锤由中间向四边锤打粘牢，再进行 35~50kg 钢辊滚压

打磨地面清理干净

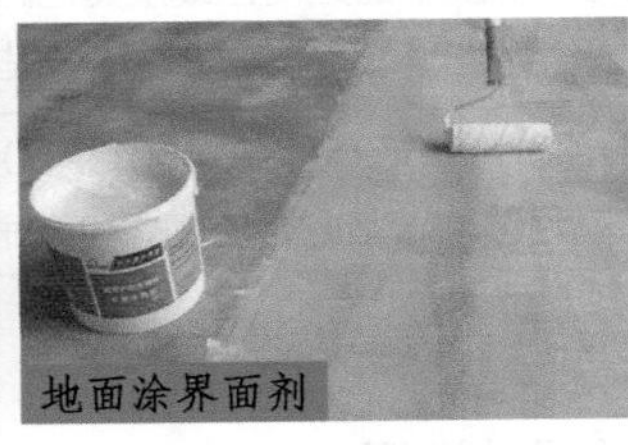
地面涂界面剂

铺贴地板

③ 施工验收：施工完成后表面需涂刷一层保护剂。安装完成的地板应平整、接缝严密，表面干净并涂刷保护剂

第十五节 实木复合地板

1. 实木复合地板的种类及应用

实木复合地板表层为珍贵的木材，保留了实木地板木纹优美、自然的特性，且大大地节约了珍贵的木材资源。芯材多采用可迅速生长型的速生材料，出材率高，成本低。其表面多涂刷 5 遍以上的优质 UV 涂料，兼具了实木地板的美观性与强化复合地板的稳定性，又在一定程度上弥补了它们各自的缺点。

实木复合地板纹理自然美观，脚感舒适，耐磨、耐热、耐冲击，阻燃、防霉、防蛀，隔音、保温，不易变形，铺设方便，且种类丰富，适合多种风格的家居使用。但它与实木地板一样，不适合厨房、卫生间等易沾水、潮湿的空间。

实木复合地板的结构有三层实木复合板和多层实木复合板两种类型，面层又有未涂饰实木复合板和涂饰实木复合板两种类型。

实木复合地板的种类

名称		特点
三层实木复合板		◎ 最上层为表板，都是选用优质树种；中间层为芯板，一般选用松木，因为松木具有很好的稳定性；下层为底板，以杨木为主，还有用松木的
多层实木复合板		◎ 多层实木复合地板的每一层之间都是纵横交错的结构，层与层之间互相牵制，使导致木材变形的内应力多次抵消，所以多层实木复合地板是实木类地板中稳定性最可靠的
未涂饰实木复合板		◎ 经过特殊的工艺处理、表面不再需要涂刷油漆的实木复合地板，其纹理的清晰度及美观度更高
涂饰实木复合板		◎ 表面涂刷有清漆或混油漆的实木复合地板，其耐磨性比较好

2. 实木复合地板的选购

建材选购要点

要点	说明
表层厚度	◎ 表层的厚度决定了实木复合地板的使用寿命。表层越厚，耐磨损的时间就越长，欧洲实木复合地板表层的厚度一般要求达到 4mm 以上
拼接	◎ 选择实木复合地板时，一定要仔细观察地板的拼接是否严密，相邻的板应无明显高低差
漆面	◎ 高档次的实木复合地板，应采用高级 UV 亚光漆。这种漆是经过紫外光固化的，其耐磨性能非常好，一般可以使用十几年而不需上漆
胶合强度	◎ 实木复合地板的胶合性能是该产品的重要质量指标，该指标的优劣会直接影响使用功能和寿命。可将实木复合地板的小样品放在 70℃的热水中浸泡 2 小时，观察胶层是否开胶，如开胶则不宜购买
环保指数	◎ 使用脲醛树脂制作的实木复合地板，都存在一定的甲醛释放量，环保实木复合地板的甲醛释放量必须符合国家标准 GB 18580—2001 的要求，即≤ 1.5mg/L

3. 实木复合地板运用实例

（1）根据空间大小选择地板颜色

实木复合地板的颜色深浅可根据家庭装饰面积的大小而定。例如，面积大或采光好的房间，使用深色实木复合地板会使房间显得紧凑；面积小的房间，使用浅色实木复合地板能给人以开阔感，使房间显得明亮。

▲棕色的复合地板与白色顶面搭配，从视觉上拉开了差距感，使客厅显得更高

（2）装饰墙面或顶面更个性

实木复合地板比实木地板更耐磨，且易打理，所以它不仅可以用在地面上，还可用来装饰顶面和墙面，来塑造个性化的居室。需要注意的是，除采光好的空间，顶面不适合使用色彩过深的实木复合地板。

▲空间虽然小但采光很好，使用实木复合地板将顶、墙、地连接起来，个性而不显沉闷

（3）卧室内与家具色彩呼应更舒适

卧室内需要较平稳、舒适的环境，若空间内有大面积的家具，可以挑选与其色系相同不同深浅或者是靠近色系的实木复合地板，不仅能让整体氛围更内敛、平稳，同时一些微弱的色差还能避免单调感。但如果家具色彩较重，地板可以加大一些色差，避免过于压抑。

▲实木复合地板与衣柜和床色彩呼应又具有色调上的变化，使卧室统一中又含有层次感

4. 实木复合地板的施工与验收

① 施工前期：铺设前应计算好实木复合地板的安装量，并且应留出损耗的数量。

② 施工中期：实木复合地板一般有 4 种铺装方式：龙骨铺装法，也就是木龙骨和塑钢龙骨铺装方法，需要做木龙骨；悬浮铺装法，即采用防潮膜或防潮垫来安装，是目前比较流行的方法；直接粘贴法，即环保地板胶铺装法；另外还有毛地板龙骨法，即先铺好龙骨，然后在上面铺设毛地板，将毛地板与龙骨固定，再将地板铺设于毛地板之上，这种铺设方法适合各种地板。

▲龙骨铺装法

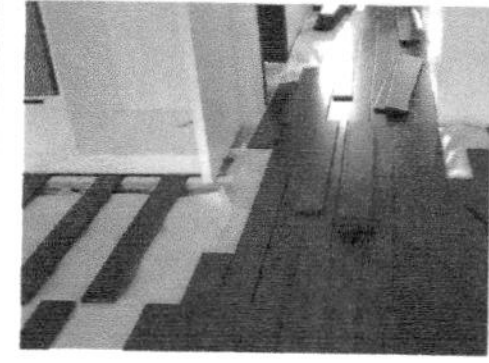
▲悬浮铺装法

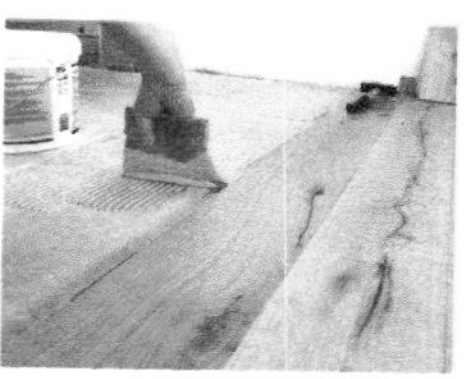
▲直接粘贴法

▲毛地板龙骨法

③ 施工验收：实木复合地板安装完之后，要注意验收，主要包括查看地板的表面是否洁净、无毛刺、无沟痕、边角无缺损，漆面是否饱满、无漏漆，铺设是否牢固等。

第十六节 强化地板

1. 强化地板的种类及应用

强化地板俗称“金刚板”，也叫做复合木地板、强化木地板，一些企业出于一些不同的目的，往往会自己命名一些名字，例如超强木地板、钻石型木地板等，这些板材都属于强化地板。强化地板从上往下由四层组成，即为耐磨层、装饰层、基材层和平衡层，每层都有不同的作用。

强化地板不需要打蜡，日常护理简单，价格选择范围大，各阶层的消费者都可以找到适合的款式。但它的甲醛释放量容易超标，选购时需仔细检测。

强化地板按照表面纹理类型可分为凹凸强化复合地板、拼花强化复合地板、平面强化复合地板和布纹强化复合地板等。

强化地板的种类

名称	特点
凹凸强化复合地板	○ 地板的纹理清晰，凹凸质感强烈 ○ 相比实木地板，纹理更具规律性
拼花强化复合地板	○ 有多种拼花样式，装饰效果精美 ○ 抗刮划性能很高
平面强化复合地板	○ 这是最常见的一种强化复合地板 ○ 表面平整无凹凸，有多种纹理可以选择
布纹强化复合地板	○ 地板的纹理像布艺的纹理一样 ○ 是一种新兴的地板，具有较高的观赏性

2. 强化地板的选购

建材选购要点

要点	说明
耐磨转数	○ 耐磨转数并不是越高越好，有些商家为了提高销售量，会夸大自家地板的耐磨转数，实际上家用地板的耐磨转数 4000 转即可，很多厂商所表示的 15000 转、18000 转等说法并不实际 ○ 耐磨转数可通过地板背面都的基本参数喷码得知，家用 I 级 =AC3=6000 转 =38g，家用 II 级 =AC2=4000 转 =45g
外观	○ 强化复合地板的表面一般有沟槽型、麻面型和光滑型三种，本身无优劣之分，但都要求表面光洁、无毛刺
产地	○ 国产和进口的强化复合地板在质量上没有太大的差距，不用迷信国外的品牌。目前国内一线品牌强化复合地板的质量已经很好，在各项指标上均不落后于进口品牌
加工精度	○ 用 6~12 块地板在平地上拼装后，用手摸和眼观的方法，观察其加工精度，拼合后应平整光滑，榫槽咬合不宜过松，也不宜过紧，同时仔细检查地板之间的拼装高度差和间隙大小

3. 强化地板运用实例

（1）强化地板实用而便捷

强化地板安装方便，且使用时无需上漆打蜡，为居住者节省了大量的养护时间，虽然价格低廉，却非常实用。现代大多数人都追求简洁、实用的理念，而强化复合地板的特质恰好满足了这些需求，且多样的纹理还可满足个性需求。

▲老人房内使用浮雕面的强化地板，搭配同色系木质家具，安全、易打理且具有浓郁的复古气氛

（2）强化地板的拼花设计既精美又颇具档次

为了追求居室的效果更加精美以及设计的多样性，有时会将地板设计成拼花的样式。强化复合地板具有多种拼花样式，可以满足多样的居室设计要求，如常见的V字形拼花木地板、方形的拼花木地板等。

▲美式乡村风格的客厅中，使用拼花强化地板做装饰，淳朴而不显呆板

（3）与瓷砖拼接中间加过门石更美观

强化地板虽然是地板中最容易打理的，但是也不适合用在厨房中，有一些开敞式的厨房与餐厅相邻，餐厅内使用强化地板，厨房使用地砖，或过道使用了地砖而卧室使用强化地板，中间就需要做拼接，此时加入一块过门石，会让两者之间的过渡更自然、更舒适。由于材料的厚度不同，施工时需要特别注意高差。

▲餐厅使用强化地板，厨房使用仿古砖，两者用黑色过门石过渡，美观而具有层次感

4. 强化地板的施工与验收

① 施工前期：铺设强化复合地板时，基层地面要求平整、干燥、干净。首先要检查地面的平整度，因强化复合地板的厚度较薄，所以铺设时必须保证地面的平整度，一般平整度要求地面高低差≤ $3mm/m^2$。

② 施工中期：铺设时地板的走向通常与房间的长度方向一致（或按客户要求），自左向右逐排铺装；凹槽向墙，地板与墙之间放入木楔，保证伸缩缝隙为8~12mm。当墙有弧形、柱脚等时，就按其轮廓切割前排的地板。

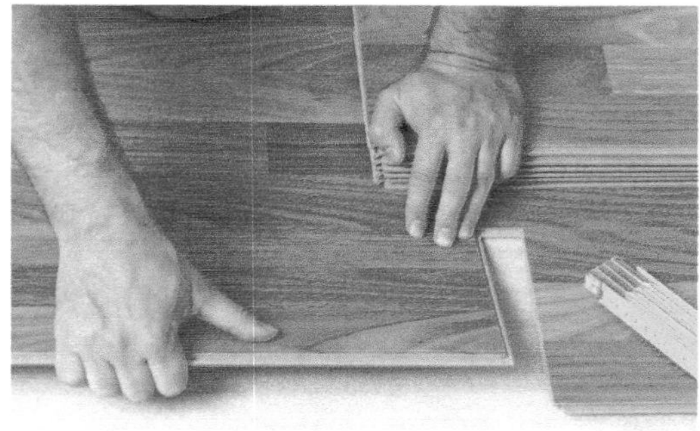

③ 施工验收：门与地面之间应留有间隙，保证安装后留有约 5mm 的缝隙。其次是要注意检查地面的湿度，若是矿物质材料的地面，其相对应的湿度应 < 60%。

第十七节 亚麻地板

1. 亚麻地板的种类及应用

亚麻地板也叫亚麻油地板，其主要成分为亚麻籽油、石灰石、软木、木粉、天然树脂、黄麻等环保材料。它是一种卷材，为单一同质透心结构，即其花纹和色彩从上至下均相同，能够保证地面长期亮丽如新。亚麻地板具有极佳的弹性，同时还能抑菌、抗静电。

亚麻地板较适用于客厅、书房和儿童房，但因原料多为天然产品，其表面虽做了防水处理，但防水性能仍不理想，因此不适合用在地下室、卫浴间等潮气和湿气较重的地方，否则地板容易从底层腐烂。

亚麻地板可分为单色亚麻地板、双色亚麻地板、天然亚麻地板和混合材质亚麻地板。

亚麻地板的种类

名称		特点
单色亚麻地板		○ 颜色单一，并且基本无纹理 ○ 属于简约风格的地板样式
双色亚麻地板		○ 由两种或两种以上的颜色组成 ○ 可以形成任意的地面造型，丰富地面的设计变化
天然亚麻地板		○ 完全由天然材质制成，环保性很高 ○ 铺设出来的效果也更具档次
混合材质亚麻地板		○ 由天然材质与其他材质组合而成 ○ 具有较高的性价比，可选择的样式也很多

2. 亚麻地板的选购

建材选购要点

要点	说明
外观	○ 用眼睛观察亚麻地板表层的木面颗粒是否细腻
吸水性	○ 可以将清水倒在地板上来判断其吸水性
味道	○ 用鼻子闻亚麻地板是否有怪味，亚麻地板为天然材料，如果有怪味，则说明其不是好的地板

3. 亚麻地板运用实例

亚麻地板的色彩丰富，花纹自然，装饰性极强。另外，亚麻地板还可以由业主根据自身喜好进行组合拼贴，为家居环境带来变化。亚麻地板一旦投入使用，将会在它的整个生命周期里保持色泽不变、永不褪色，这一特点也成为其广受欢迎的原因之一。

▶ 亚麻地板的色彩非常丰富，可自由组合塑造个性化效果

4. 亚麻地板的施工与验收

① 施工前期：亚麻地材对基层要求很高，应平整、干燥、清洁、坚硬、光滑；施工前需将亚麻地板预放置 24 小时以上；同时按箭头的同方向排放，卷材要按生产流水编号施工	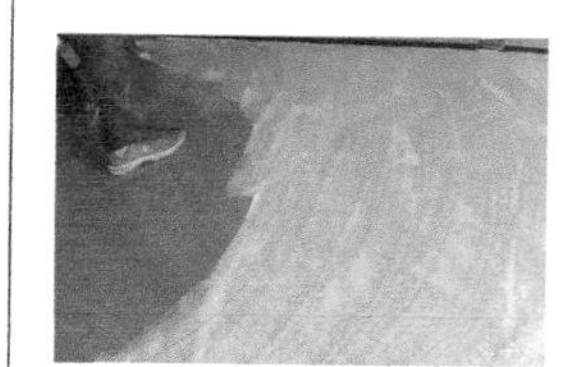
② 施工中期：铺装亚麻地板时要注意接缝，不能将接缝对接过紧，以免翘边，也不可使缝隙过大；其标准以可以插进一张复印纸为宜。铺装后在进行赶气的同时，用铁轮均匀擀压，对于地板接缝及墙边用小压辊擀压	

③ 施工验收：主要检查亚麻地板纹理的衔接情况，焊缝应当笔直、平滑、无裂缝、无焦斑、无断焊，与整个地板在色彩上、感觉上融为一体

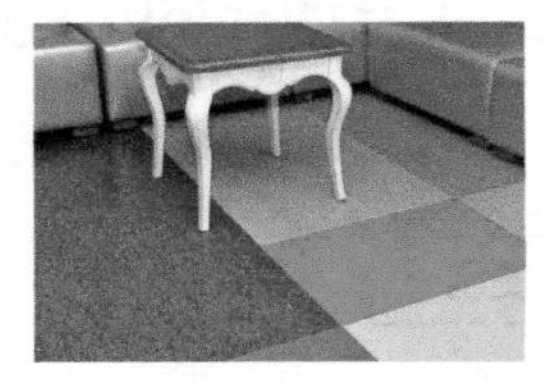

第十八节〉门窗与楼梯

1. 门的种类及应用

门按照开启方式来分有平开门和推拉门两种。平开就是以合页为轴心，旋转开启，平开门又分为内开门和外开门两种，分别向内平推和向外平拉来开启。

▲平开门

▲推拉门

按照材料和功能的不同，门主要包括防盗门、实木门、实木复合门、模压门、玻璃门、推拉门、折叠门、塑钢门等。

门的种类

名称		特点
防盗门		○ 防盗门的主要作用是防盗，所以对安全性的要求特别高 ○ 通常防盗门的面板多为钢板，骨架为防盗龙骨，中间以蜂窝纸、矿渣棉、发泡剂等填充，能起到保温、隔音的作用 ○ 防盗门的锁具也有很高的要求，按照国家标准，必须能够保证窃贼使用常规工具 15 分钟内不能开启
实木门		○ 实木门是以取自森林的天然原木或者实木集成材为原材料，经加工后制作的成品门 ○ 具有不变形、耐腐蚀、无裂纹及隔热保温等特点 ○ 所选用的多是名贵木材，如樱桃木、胡桃木、柚木

续表

名称		特点
实木复合门		◎ 实木复合门的门芯多为松木、杉木等较低档的实木，外贴密度板和实木木皮，经高温热压后制成 ◎ 保温、耐冲击、阻燃、不易变形、不易开裂，隔音效果与实木门基本相同 ◎ 造型、款式多样，市面上出售的“实木门”实际上多为实木复合门
模压门		◎ 模压门是由两片带造型和仿真木纹的高密度纤维模压门皮板经机械压制而成的，档次较低 ◎ 它保持了木材天然纹理的装饰效果，同时也可进行面板拼花，还具有防潮、抗变形的特性 ◎ 制作中需要用到胶水，一般都含有一定量的甲醛 ◎ 隔音效果相对实木门要差，且不能沾水和磕碰
玻璃门		◎ 常见的款式有木框玻璃门、半玻门、金属框玻璃门等，最常用作卫浴、厨房、阳台等处的门 ◎ 玻璃的选择范围比较广泛，例如钢化玻璃、喷砂玻璃、压花玻璃、镶嵌玻璃等
推拉门		◎ 一种非常常见的室内门种，在家居中多用在厨房、餐厅、卧室、阳台、更衣间、衣柜等处 ◎ 根据安装方式可分为内嵌式轨道和外挂式轨道两类，外挂式轨道近年来比较流行，也就是“谷仓门” ◎ 推拉门最大的优点是不占据空间面积，让居室显得更轻盈、灵动
折叠门		◎ 折叠门也是采用平移推拉的方式来开启和关闭的门，形式为多扇折叠，可全部推移到侧边 ◎ 可打通两部分空间，有需要时，又可保持单个空间的独立，能够有效地节省空间使用面积 ◎ 价格比推拉门的造价要高一些
塑钢门		◎ 塑钢门由塑料和钢材复合制成，是强度比较高的门 ◎ 与铝合金门相比具有更优良的密封、保温、隔热和隔音性能，装饰性更多样化

2. 门的选购

建材选购要点

要点	说明
防盗门	◎ 国家规定，防盗门的门框使用的钢板厚度不能小于 2mm，门的面板要采用厚度为 1mm 的钢板，且所用的钢板最好为冷轧钢
	◎ 锁具必须经过国家指定权威机构的认证，具有防钻、防锯、防撬、防拉、防冲击的锁头，最好是由多个锁头和插杠
	◎ 防盗门的安全级别根据安全性能一般分为 A、B、C 三个等级，等级依次升高，建议选 C 级
实木门、实木复合门	◎ 木质门的含水率是一项重要的指标，含水率过高容易变形、开裂，通常应低于 10%
	◎ 外观要求漆膜饱满、色泽均匀、木纹清晰，表面没有沟痕、伤疤、虫眼等明显瑕疵，做工精细、手感光滑、无毛刺；装饰面板和实木线条与门框应黏结牢固，无翘边和裂缝
模压门	◎ 贴面板与框连接应牢固，无翘边和裂缝；面板平整、洁净，无节疤、虫眼；面板厚度不能低于 3mm
	◎ 应特别注意甲醛含量是否超标，可以闻下有无刺鼻异味，异味越重说明甲醛含量越高
推拉门、折叠门	◎ 此类门最重要的是轨道和滑轮的选择，基本要求是推拉时手感应灵活
	◎ 带玻璃的款式应注意玻璃的厚度，通常来说 5mm 厚的玻璃最佳，太薄太厚都不合适

3. 门运用实例

（1）室内门的颜色宜与室内色彩相协调

室内门的色彩和种类很多，作为室内装饰的一部分，在选择颜色时，宜与居室整体风格相匹配。当室内主色调为浅色系时，可挑选白色或冷色系的门；当室内主色调为深色系时，可选择暖色系的门，可以形成协调、舒适的感觉。此外，门的色彩还应与家具、地面的色调相近，且其造型也应与居室装饰风格相一致。

▲餐厅墙面为白色，选择同色系门使空间显得更宽敞且谐调

（2）根据使用空间选择不同款式的门

根据空间的不同建议选择不同的款式：如卧室门最重要的是考虑私密性和营造一种温馨的氛围，因而多采用透光性弱且坚实的门；书房门则应选择隔声效果好、透光性好、设计感强的门型；卫浴的门主要注重私密性和防水性，可选择设计时尚的经过

全磨砂处理的半玻璃门；厨房和餐厅之间根据门口的宽度，可以选择推拉门或折叠门。

▲卫浴间的门选择带有玻璃的款式，私密、透光而时尚

▲厨房和餐厅之间使用透明玻璃推拉门，不影响采光还可灵活隔断空间

4. 门的施工与验收

① 施工前期：首先测量洞口尺寸是否与门框尺寸相符，如果小于门框尺寸，则应铲除多余灰皮。将材料拆包，进行试拼，核对配件等有无缺失	
② 施工中期：门与门框的连接处，应严密、平整、无黑缝；门套对角线应准确，2m 以内允许公差≤ 1mm，2m 以上允许≤ 1.5mm；门套装好后，应三维水平垂直，垂直度允许公差 2mm，水平平直度公差允许 1mm；门套与墙体结合处应有固定螺钉，应≥ 3 个 /m；门套宽度在 200mm 以上应加装固定铁片；门套与墙之间的缝隙用发泡胶双面密封，发泡胶应涂匀，干后切割平整	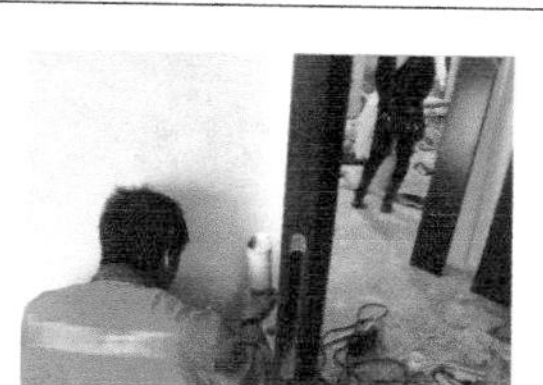 
③ 施工验收：整樘门安装完毕，应平整划一，开启自如灵活或推拉顺畅，整体效果良好，无划痕	

5. 窗的种类及应用

室内窗主要起到保温、隔热、隔音以及安全防护的作用。目前市面上的窗按照

造型分类有普通造型和广角造型两类；按照开启方式可分为平开窗、推拉窗和悬窗等；按照材质分常见的有塑钢窗、铝塑窗、铝合金窗、百叶窗等。

▲普通窗

▲广角窗

▲平开窗

▲推拉窗

▲悬窗

窗的种类

名称		特点
塑钢窗		○ 塑钢窗与塑钢门构造相同，是由塑料和钢材复合制成的，强度比较高 ○ 与铝合金窗相比具有更优良的密封、保温、隔热和隔音性能
铝合金窗		○ 铝合金窗是由铝合金型材制作框、扇结构的窗 ○ 它的密封性和隔音性比常见的钢窗和木窗要好 ○ 但性能不如后期出现的塑钢窗 ○ 现在在室内对保温性不强的位置仍被使用，如阳台和室内的间隔窗，但频率不高

续表

名称		特点
断桥铝窗		○ 断桥铝是将铝合金从中间断开，再用硬塑将断开的铝合金连为一体，性能比铝合金更优越 ○ 它将铝、塑两种窗的优点集于一身，去除了它们各自的缺点，具有绝佳的保温性、隔音性和密封性，能节约采暖费和空调电费达 50%
百叶窗		○ 百叶窗是一种安装于建筑窗内部的装饰窗，作用类似于百叶帘，材质有木质、塑料、铝合金等 ○ 它带有可以调节方向的窗棂片，可通过调节其方向选择光线进入的角度，且在采光的同时，能阻挡外界视线

6. 窗的选购

建材选购要点

要点	说明
塑钢窗	○ 塑钢窗的主材为 UPVC 型材，好的 UPVC 壁厚应大于 2.5mm，表面应光洁，颜色为象牙白或白中泛青
	○ 五金配件应选择质量好的，同时要求安装牢固
铝合金窗、断桥铝窗	○ 相对而言，型材的厚度越高越不容易变形，型号的数值越大，厚度越高
	○ 外观要求表面色泽一致，无凹陷、鼓出等明显缺陷，同时要求密封性能要好，推拉时感觉平滑自如
	○ 内部应选择壁厚不小于 2.5mm，宽度不小于 40mm 的型材
百叶窗	○ 先触摸百叶窗窗棂片是否平滑平均，是否起毛边，是否存在掉色、脱色或明显的色差，若质感较好，它的使用寿命也会较长
	○ 查看叶片的平整度与均匀度，看各个叶片之间的缝隙是否一致

7. 窗的施工与验收

① 施工前期：洞口的尺寸应与窗尺寸相符；各类窗及其附件和玻璃的品种、规格、质量、必须符合设计要求及国家现行有关标准的规定，配件齐全，无缺损。

② 施工中期：窗框安装必须牢固，预埋件的数量、位置、埋设连接方法及防腐必须符合设计要求；铝合金窗与非不锈钢紧固件接触面之间应做防腐处理，密封条安装位置正确、扇框封闭严密。

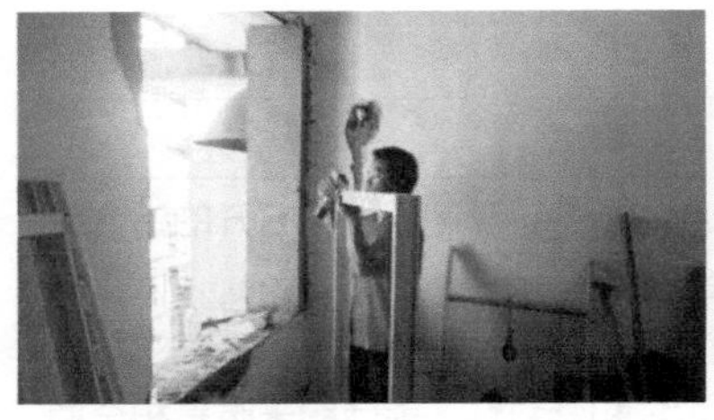

③ 施工验收：窗扇应关闭严密，间隙基本均匀，开关灵活，端正、美观、无污染，达到各自的功能，有隔音功能应达到隔音指标。

8. 楼梯的组成

楼梯是室内的垂直交通设施，同时因为它占据的面积较大，除了必须满足使用功能外，还应注重其装饰性。楼梯设计应注重的是安全、便捷，且要装饰得当。

楼梯的形式很多，常见的有直梯、弧形梯和旋转梯三种。直梯是最常见的一种楼梯形式，活动方式为直上直下；弧形梯是以曲线来实现上下楼连接的，与直梯相比没有生硬的转角，显得更大气；旋转梯是一种盘旋而上的蜿蜒旋梯，占据空间小，非常有个性。

▲直梯

▲弧形梯

▲旋转梯

楼梯按照制作材料的不同可分为木质楼梯、钢制楼梯、钢化玻璃楼梯、砖石楼梯和铁艺楼梯等。

楼梯的种类

名称		特点
木质楼梯		○ 木质楼梯是市场占有率最高的一种楼梯 ○ 以木材为主，纹理自然、脚感舒适、色泽柔和 ○ 具有温馨舒适的感觉，做工也相对简单 ○ 木质楼梯有全实木、实木扶手组合实木复合地板或实木扶手组合强化地板等类型

续表

名称		特点
钢制楼梯		○ 钢制楼梯的制作材料为不锈钢 ○ 其扶手多为全钢或钢和钢化玻璃组合 ○ 踏步有钢材、木质、玻璃、石材等多种类型 ○ 具有个性、时尚的装饰效果，适合现代感强的空间
钢化玻璃楼梯		○ 钢化玻璃楼梯的踏步为钢化玻璃 ○ 与钢制楼梯一样，具有很强的现代感，晶莹剔透的质感非常轻巧灵便，很适合小面积的空间 ○ 钢化玻璃楼梯的踏步必须经过防滑处理才能使用，不适合有老人和孩子的家庭
砖石楼梯		○ 踏步常用材料为大理石、花岗岩或瓷砖材料，扶手和栏杆可选择木质，也可选择玻璃 ○ 相对来说耐磨度、稳定度都比较高，但是触感比木质地材要冷硬很多
铁艺楼梯		○ 铁艺楼梯的制作材料为铁，楼梯很少会全部使用铁，而是多与其他材料搭配组合 ○ 铁艺多用在扶手或栏杆上，踏步则采用木质或石材

9. 楼梯的选购

建材选购要点

要点	说明
做工	○ 无论何种类型的楼梯，楼梯的所有部件均应光滑、圆润，没有突出和尖锐的部分，以免使用时造成伤害
扶手	○ 最理想的扶手材料为实木，冬暖夏凉，比较舒适；其次是石材，最后是金属
踏步	○ 好质量的踏步承重应能达到 400kg
品牌	○ 楼梯作为安全构件，质量是非常重要的，建议选择知名的、信誉好的厂家，无论是品质还是保修均较有保证

10. 楼梯运用实例

（1）根据户型选择楼梯款式

三种楼梯中，直梯是最为普通和常见的一种，使用最方便和安全，适合大多数类型的户型，如果家里人口较多或喜欢中规中矩的感觉，则适合选择此类楼梯；弧形梯造型感较强，容易营造出气派的感觉，更适合宽敞、豪华的复式户型或别墅；

旋转梯占用空间较少，适合小面积的复式户型或别墅。

（2）多数可选木质地材

实木地材与其他材质不同，能够让人感觉自然、亲切、安全、舒适，特别适合三口之家、三代同堂等有老人和孩子的家庭，但是价格比较贵。若以实木为地材建议选择花梨、金丝柚木、樱桃木、山茶、沙比利等材质密度较大、质地较坚硬的实木来加工楼梯，这些木材制品经久耐用，且具有升值价值。除了实木，还可选择实木复合地板、强化地板等代替实木踏步，养护比较容易，也具有温润的脚感，但价格要低很多。

（3）砖石踏步要做防滑措施

瓷砖和天然石材也是运用比较多的踏步面材，天然石材纹理自然、多变，具有不可比拟的装饰效果，特别能够彰显出华丽的感觉；瓷砖是天然石材的最佳替代品，品种多样，花纹丰富，且无辐射，价格也比较低，而且比较好打理。需要注意的是，如果选择的不是防滑系列，面层宜安装防滑垫或者安装防滑条，家居中安装防滑条不太美观，可以在踏步上做防滑沟，更为美观、自然。

11. 楼梯的施工与验收

① 施工前期：在施工之前必须要有一张合理的设计图纸，图纸内容应包括楼梯在室内的位置、结构、

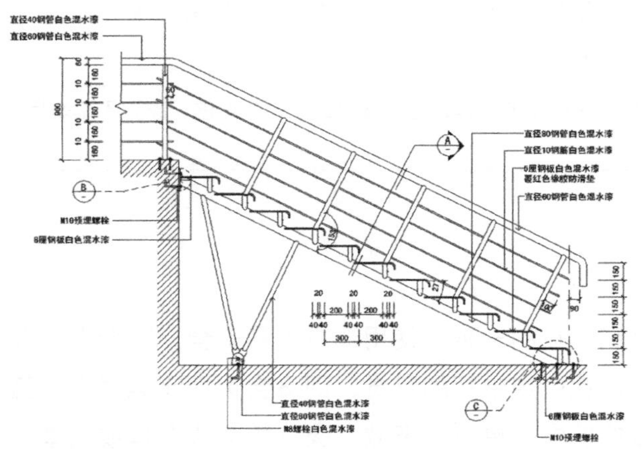

▲直梯靠一侧摆放时占地面积很小，很适合小面积的LOFT结构

▲楼梯踏步面层使用实木，立面使用马赛克，安全、舒适而又美观

▲砖石楼梯踏步应做防滑处理，否则容易使人摔倒

所用材料以及尺寸，尤其是踏步和扶手的高度，应让使用者感到舒适为宜。

② 施工中期：根据图纸来施工，将施工场所清理干净，根据图纸做好标记，利用工具在墙壁或者是地面打孔，固定整体的楼梯支架，并且安装楼梯上的一系列零件，最后进行美化处理，涂刷一些保护漆。

③ 施工验收：安装完成的楼梯应结实、安全、美观，踩踏时应没有明显的噪声；所有楼梯部件环保应达到标准，没有刺激性气味；金属扶手表面应做一层避免冰冷感的处理。

第十九节 橱柜材料

1. 整体橱柜的构成

整体橱柜是家居中不可缺少的重要家具，它属于木工类建材，可以现场由木工制作，也可以在销售商处定做。木工橱柜的好处是可以“因地制宜”，充分满足自我需求，但污染较大，且款式较少；定制橱柜可以满足大部分个性化需求，无需现场制作，样式较多且较为环保，可根据情况选择。

▲木工橱柜现场污染较大　定制橱柜款式多，较环保

整体橱柜的构成比较复杂，包括了台面、柜体、门板、五金件、功能配件、电器、灯具等部分，分别具有不同的作用。

整体橱柜的构成

名称		特点
台面		○ 制作材料较多，常用的包括人造石、石英石、不锈钢、美耐板、天然石材、防火板等

续表

名称		特点
柜体		○ 按空间构成可以分为装饰柜、半高柜、高柜和台上柜 ○ 按材料组成又可以分成实木橱柜、烤漆橱柜、模压板橱柜等
门板		○ 主要起到封闭和装饰作用 ○ 常见的类型包括实木门板、烤漆门板、模压板门板、水晶门板和镜面树脂门板等
橱柜五金件		○ 包含门铰、导轨、拉手、吊码，其他整体橱柜布局配件、点缀配件等
功能配件		○ 包含水槽、龙头、上下水器、各种拉篮、拉架、置物架、米箱、垃圾桶等整体橱柜配件
电器		○ 包含吸油烟机、消毒柜、冰箱、灶具、烤箱、微波炉、洗碗机等
灯具		○ 包含层板灯、顶板灯，各种内置、外置式橱柜专用灯等

2. 台面的种类及应用

橱柜台面是橱柜的重要组成部分，也是使用频率非常高的一部分，所有的烹饪操作都要在上面完成，所使用的建材应注重卫生性、安全性以及是否易于清洁。除此之外，它也是厨房装饰的一部分，其与橱柜以及厨房整体相配合是否协调，也影响着整体的美观性。

▲台面不仅实用，同时还对厨房美观性有影响

台面根据制作材料分类包括人造石台面、石英石台面、不锈钢台面、美耐板台面、天然石材台面等。

台面的种类

名称		特点
人造石台面		○表面光滑细腻，孔隙小、抗污力强 ○可任意长度无缝粘接 ○易打理、非常耐用，别称是“懒人台面” ○划伤后可以磨光修复
石英石台面		○硬度很高，耐磨不怕刮划，耐热好 ○经久耐用，不易断裂，抗菌、抗污染性强 ○接缝处较明显
不锈钢台面		○抗菌能力最强，环保无辐射 ○坚固、易清洗、实用性较强 ○不太适用于管道多的厨房
美耐板台面		○可选花色多，仿木纹自然、舒适 ○耐高温、耐高压、耐刮 ○易清理，可避免刮伤、刮花的问题 ○价格经济实惠，如有损坏可全部换新
天然石材台面		○主要用材为花岗岩和大理石 ○纹路独一无二，不可复制，有着非常个性化的装饰效果 ○冰凉的触感可以增添厨房的质感 ○硬度高、耐磨损、耐高热，但有细孔
防火板台面		○色泽鲜艳，耐磨、耐刮、耐高温性能较好 ○橱柜台面高低一致，辅以嵌入式燃气灶，给人以焕然一新的感觉 ○在转角台面拼接的结合部，缺乏有效的处理手段，通常采用硅胶黏合、塑料和专用金属嵌入以增加美观性

3. 台面的选购

建材选购要点

要点	说明
品牌	○ 尽量选择知名品牌的台面，大的厂家实例较强，机械加工方面及售后服务都会比较完善
认证	○ 检查产品有无 ISO 质量体系认证、环保标志认证、质检报告，有无产品质保卡及相关防伪标志
外观	○ 查看样品颜色，质量好的台面清纯不混浊，通透性好，表面无类似塑料胶质感，反面无细小气孔
细腻感	○ 用手触摸台面感受其手感是否足够细腻，越细腻越不容易有渗透
硬度	○ 用指甲划板材表面，无明显划痕
厚度	○ 厚度也是衡量台面的一个指标，以石英石为例，一般的石英石厚度为 15mm，而高端的石英石厚度可达 20mm 厚，台面越厚，耐久性越强，越不容易变形、断裂

4. 台面运用实例

（1）与橱柜色差小文雅，色差大则活泼

橱柜台面和橱柜门板之间的色差，对厨房的整体氛围是活泼还是文雅，有着一些影响。台面和橱柜板之间如果色差明显，能够为厨房增添一些活力；反之，如果台面和橱柜板之间的色差较小，则会为厨房增添一些文雅感。

▲ 台面与橱柜板相近的色彩，让橱柜整体看起来更内敛，同时进一步凸显墙砖的活泼感

（2）台面与墙面色彩呼应，更具整体感

无论橱柜选择的是何种色彩，若台面的色彩能与墙面砖的颜色有一些呼应，就可以让橱柜与墙面的联系更紧密，让厨房看起来更具整体感。虽然从立面看台面只有一条线，但是它却是墙面与橱柜门板的转折面，所以色彩的作用是不可忽视的。

▶台面与墙面砖属于同色系不同明度，它的明度介于橱柜和墙砖之间，实现了很好的过渡。

（3）浅色台面能减轻实木橱柜的厚重感

大部分的实木橱柜颜色都比较深，常见的是各种棕色或棕红色系，即使厨房的采光比较好，也容易显得有些厚重和沉闷，搭配浅色系的台面，例如白色、浅灰色、米色等，能够与实木的色彩产生对比，可以减轻它的厚重感，若同时搭配浅色墙砖，效果更佳。

▲用米白色的台面搭配棕色系的实木橱柜门板，减轻了橱柜的厚重感，显得很明快

5. 台面的施工与验收

① 施工前期：地柜和吊柜均安装完成后，再安装台面；开孔前需定好水槽、灶具等需要内嵌入台面的部件的位置，尺寸需精准

② 施工中期：根据前期定位进行开孔，开孔要圆滑，四个角要做一定的弧度，并用砂纸擦拭圆滑，不能有锯齿形状；先安装台面，再安装后挡板，后挡板应与墙壁结合紧密；所有的区域和边角检查无问题后，使用硅胶黏合剂封边

③ 施工验收：水平误差应为零；正视无明显接缝、色差和胶痕；全部有衬板、台面与柜体固定牢固；如果台面较长，台面靠墙端要留 3 ~ 5mm 伸缩缝，台面超过 3m 以上，伸缩缝不得小于 5mm

6. 橱柜柜体的种类及应用

橱柜的另外两个组成部分是柜体和面板，柜体起到支撑整个橱柜柜板和台面的作用，它的平整度、耐潮湿的程度和承重能力都影响着整个橱柜的使用寿命，即使台面材料非常好，如果柜体受潮，也很容易导致台面变形、开裂。

常见的柜体材料包括复合实木、防潮板、细木工板、纤维板和刨花板等。

橱柜柜体的种类

名称		特点
复合实木		○ 绿色、环保，低污染 ○ 实用，使用寿命较长 ○ 综合性能较佳 ○ 能在重度潮湿环境中使用
防潮板		○ 原料为木质长纤维加防潮剂，浸泡膨胀到一定程度就不再膨胀 ○ 可在重度潮湿环境中使用 ○ 板面较脆，对工艺要求高
细木工板		○ 易于锯裁，不易开裂 ○ 板材本身具有防潮性能、握钉力较强 ○ 便于综合使用与加工 ○ 韧性强、承重能力强 ○ 不合格板材甲醛等有害物释放量较大
纤维板		○ 不同等级的板材质量相差大 ○ 中低档的纤维板没有办法支撑橱柜 ○ 高档板材材质性能较优，但价格高，性价比低
刨花板		○ 环保型材料，成本较低 ○ 能充分利用木材原料及加工剩余物 ○ 幅面大，平整，易加工 ○ 普通产品容易吸潮、膨胀 ○ 适合短期居住的场所

7. 橱柜门板的种类及应用

作为门面的橱柜面板，除了要容易清洁、耐脏外，还应该兼顾美观性，宜与厨房的整体风格和色彩相搭配。

常见的门板材料包括实木门板、烤漆门板、模压板门板、水晶门板和镜面树脂门板等。

橱柜门板的种类

名称		特点
实木门板		○ 天然环保、坚固耐用，有原木质感、纹理自然 ○ 名贵树种有升值潜力 ○ 保养要求较高，干燥地区不适合使用，容易开裂

续表

名称		特点
烤漆门板		○ 色泽鲜艳、易于造型，有很强的视觉冲击力 ○ 防水性能极佳，抗污能力强，表面光滑，易清洗 ○ 工艺众多，不同做法效果不同 ○ 怕磕碰和划痕，一旦出现损坏较难修补
模压板门板		○ 色彩丰富，木纹逼真，单色纯度高，不开裂、不变形 ○ 不需要封边，避免了因封边不好而开胶的问题 ○ 不能长时间接触或靠近高温物体
水晶门板		○ 基材为白色防火板和亚克力，是一种塑胶复合材料 ○ 颜色鲜艳、表层光亮，且质感透明鲜亮，耐磨、耐刮性较差 ○ 长时间受热易变色
镜面树脂门板		○ 属性与烤漆门板类似，效果时尚、色彩丰富 ○ 防水性好，不耐磨，容易刮花 ○ 耐高温性不佳

8. 橱柜的选购

建材选购要点

要点	说明
选大企业产品	○ 大型专业化企业用电子开料锯通过电脑输入加工尺寸，开出的板尺寸精度非常高，板边不存在崩茬现象；而手工作坊型小厂用小型手动开料锯，简陋设备开出的板尺寸误差大，往往在 1mm 以上，而且经常会出现崩茬现象
封边	○ 手摸橱柜门板和箱体的封边，感受一下是否顺直圆滑，箱体封边侧光看是否有波浪起伏。向销售人员询问一下封边方式，选择四周全封边的款式
外观	○ 橱柜的组装效果要美观，缝隙要均匀。通常来说专业大厂生产的门板横平竖直，且门间间隙均匀；而小厂生产组合的橱柜，门板会出现门缝不平直、间隙不均匀，有大有小的情况，甚至是门板不在一个平面上
五金	○ 橱柜的主要五金为铰链和滑轨，较好的橱柜一般都使用进口的铰链和抽屉。可以来回开关，感受其顺滑程度和阻尼
保修	○ 保修年限能够从侧面反映出橱柜的质量，通常来说，质量好的橱柜保修期很长，有的甚至可以保修 10 年，可以多方比较一下，选择保修期长的品牌，免除后顾之忧

9. 橱柜运用实例

（1）整体橱柜使厨房变得井然有序

美观而又实用的整体橱柜可谓是厨房中的首席代表，特别是它分门别类的收纳功能，能让厨房里零碎的东西各就其位，使厨房变得井然有序。整体橱柜的储藏量主要由吊柜、立柜和地柜的容量来决定。吊柜位于橱柜最上层，一般可以将重量相对较轻的碗碟和锅具或者其他易碎的物品放在这里；立柜一般可以作为储藏柜来运用，既节约空间，又使厨房显得整齐利落；而地柜位于橱柜最底层，较重的锅具或厨具放在这里。

▲整体橱柜的收纳功能十分强大，可以将厨房中杯盘盆盏等物合理地归类摆放

▲ L 字形橱柜是一种非常适合小厨房的橱柜设计形式

（2）根据风格选择面板

厨房属于家居中的公共区域，在进行设计时，建议与家居整体风格相呼应。橱柜是厨房中的主体，占据较大的面积和主体地位，引领着厨房风格走向，面板更是其装饰主体，所以在选择面板的时候，宜从家居风格的代表色和纹理方面入手。

▲北欧风格的厨房中，选择自然感很强的木质纹理门板装饰橱柜，使厨房的风格特征更突出

10. 橱柜的施工与验收

① 施工前期：壁柜测量。壁柜的柜体既可以是墙体，也可以是夹层，这样既保证有效利用空间，又不变形，但一定要做到顶部与底部水平，两侧垂直，如有误差，则要求洞口左右两侧高度差＜ 5mm，壁柜门的底轮可以调试来弥补误差

② 施工中期：壁柜门安装。其步骤是：首先固定顶轨，轨道前饰面与柜橱表面在同一平面，上下轨平放于预留位置；然后将两扇门装入轨道内，用水平尺或直尺测量门体垂直度，调整上下轨位置并固定好；再次查看门体是否与两侧平行，可通过调节底轮来调节门体，达到边框与两侧水平；最后将防跳装置固定好，并出示质量保护书	 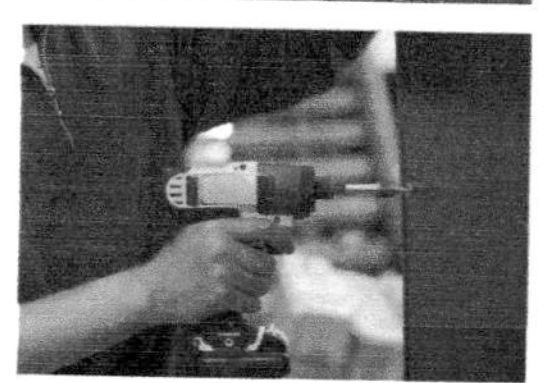
③ 施工验收：地柜要在没安装台面之前晃一晃看是否牢固，安装好后，要用水平尺测量一排地柜是否水平	

第二十节 木工常见问题解析

1. 石膏板变形和接缝开裂主要是什么原因?

石膏板变形和接缝开裂的原因主要以下几种。

① 石膏板受潮：石膏板虽然防潮，但当潮湿达到一定程度时，就会吸水。如果施工中使用了受潮的石膏板，在安装完成后就可能会出现变形、起鼓的现象。

② 骨架安装不合理：龙骨水平度不达标、龙骨不直、龙骨之间间距过大、龙骨刚度不够或石膏板和龙骨之间固定不牢都可能会引起石膏板变形。

◀龙骨安装应设计好间距，安装需水平

③ 接缝处理不合格：石膏板拼接的板块之间应留有一定的缝隙，且边应做成V形坡口，否则就容易因为热胀冷缩而变形。除此之外，嵌缝带和嵌缝腻子的黏结力和强度不够，也可能会产生裂缝。

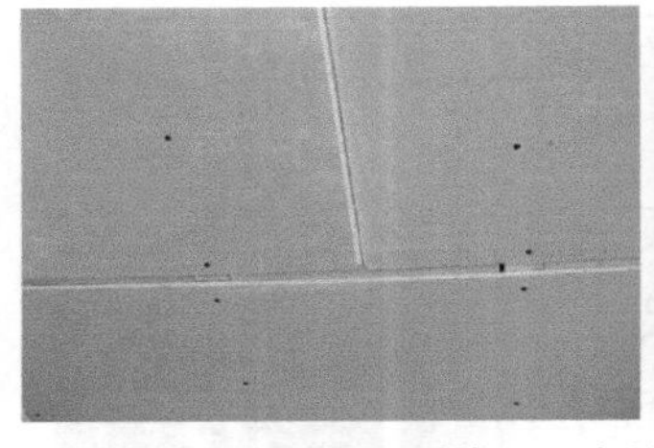

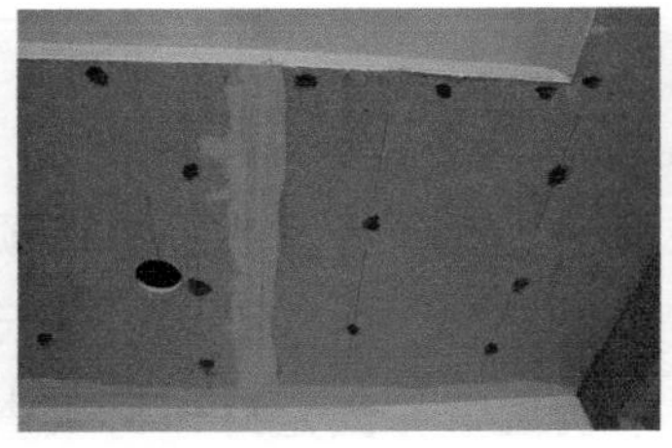

▲板块之间应做成V形坡口，嵌缝保证黏结强度

▲大面积石膏板应错缝

④ 大面积的石膏板没有错缝：当石膏板的铺设面积比较大时，应将其中一个方向的缝隙错开，可以有效地避免起鼓、变形现象。

2. 铺地板什么情况下需要打龙骨？

铺地板之前打龙骨做垫层铺设，这样做有几点好处：一是可以平整地面；二是为了防潮，延长地板的使用寿命；三是便于安装；四是降噪。但打龙骨也可能会带来一些负面作用，例如使用一段时间后产生异响，降低空间高度等。

所以是否需要打龙骨，可以根据实际情况来决定，铺设实木复合地板时，若原地面不平整或未抹找平层，可以打龙骨；铺实木地板建议应打龙骨；而强化地板本身带有防潮层，所以是不需要打龙骨的。

▲先测试地面水平度，再打龙骨

3. 处在潮湿地区做木工柜有什么防潮办法么？

虽然购买成品衣柜污染少，但仍有很多人会选择在施工现场制作木工柜。木工柜通常面积较大，一些内嵌如墙壁或固定在墙上的款式，如果所在地域比较潮湿，很容易会出现变形的现象。有两种方式可预防受潮变形。

① 背面放防潮布：可以在柜体后方加一层防潮布，价格很便宜，却可以起到很好的防潮作用。特别是一些墙壁另一侧为卫浴间的空间中，做木工柜一定要让施工人员加防潮布。

② 柜底加脚：除了柜底背面外，底部也很容易受到潮气的侵蚀，所以柜子最好不要直接落地，可以将底部抬高一些，加一段柜脚，外面包裹踢脚线，既美观，还可避免柜体直接接触地面。

▲抬高柜体底面，能够有效防止潮气蔓延至柜体

4. 哪一种构造板材防潮性能最佳?

单纯地从板材的性能来看，比较常用的构造板材防潮能力为：细木工板 > 刨花板 > 密度板。但实际上，板材本身并不是防潮能力的决定因素，“封边”才是最关键的。如果有好的封边，密度板也能有较好的防潮能力。柜子的封边衔接线缝隙不能太大、不能凹凸不平，封边做不好，水汽容易从边进入板材，就容易变形。

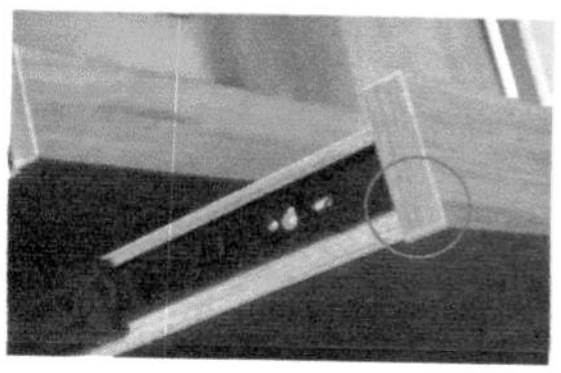

◀柜体封边应严密，否则所有板材都容易变形

5. 饰面板选天然木好还是科技木好?

前面讲过木饰面板中天然木和科技木的基本区别，主要是纹理上的不同，天然木种类少、纹理自然，而科技木为人造木，所以种类多，但纹理较规则。两者不能单纯地以制作方式来区分好坏，可以根据设计需要来选择适合的种类，只要是符合质量要求的都是好的板材。大致来说，需要规则纹理的现代类风格比较适合选择科技木，而古典一些的风格则较适合天然木。

◀科技木

◀天然木

6. 北方适合铺设竹地板么?

竹地板比较怕浸水和暴晒，相对干燥的气候则完全可以适应。所以北方是适合铺竹地板的，尤其是竹木复合地板，即使是地热采暖也适用。

◀北方地区适合铺设竹地板

7. 不同空间的地面使用不同材料需注意什么?

很多业主会选择在客厅、餐厅和过道铺设地砖，而在卧室、书房等空间中铺设地板。当选择不同的材料组合时，一定要计算好两边的高度，否则就会出现高低差。地板和地砖或石材之间应使用收边条过渡，不仅美观，也更好养护。

◀不同材料之间过渡，应采用收边条

第五章
油漆工材料

第一节 乳胶漆

1. 乳胶漆的种类及应用

乳胶漆是乳胶涂料的俗称，是以丙烯酸酯共聚乳液为代表的一大类合成树脂乳液涂料，它属于水分散性涂料，具备了与传统墙面涂料不同的众多优点，易于涂刷、干燥迅速、漆膜耐水、耐擦洗性好、抗菌，且有平光、高光等不同类型可选，色彩也可随意调配，且无污染、无毒，是最常见的装饰漆之一。

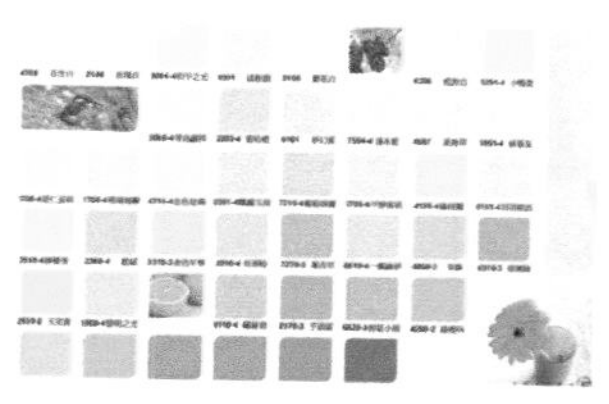

▲ 色卡上的颜色均可调配

乳胶漆是装修中的一种非常特殊的材料，它的价格相对比较低，费用仅占据整体预算的5% 左右，但却能覆盖整个装修面积的 70% 以上，具有突出的重要性。

▲ 底漆

乳胶漆按照使用环境的不同可分为外墙乳胶漆和内墙乳胶漆，在室内装修中常说的乳胶漆是指内墙乳胶漆。

按照涂刷顺序来划分，乳胶漆可分为底漆和面漆，底漆的作用是填充墙面的细孔，防止墙体碱性物质渗出而侵害面漆，同时具有防霉和增强面漆吸附力的作用；面漆主要起到装饰和防护作用。

▲ 面漆

乳胶漆按照涂刷后的光泽度可分为亚光漆、丝光漆、有光漆和高光漆。

乳胶漆的种类

名称		特点
亚光漆		◎ 无毒、无味，附着力强，耐碱性好 ◎ 具有较高的遮盖力、良好的耐洗刷性 ◎ 安全环保、施工方便，流平性好

续表

名称		特点
丝光漆		○ 涂膜平整光滑、质感细腻，具有高遮盖力，强附着力等优点，且抗菌、防霉、耐水、耐碱
有光漆		○ 色泽纯正、光泽柔和 ○ 漆膜坚韧、附着力强、干燥快 ○ 防霉耐水、耐候性好、遮盖力高
高光漆		○ 光亮如瓷，具有极高的遮盖力，涂膜耐久且不易剥落防霉、抗菌、耐洗刷

2. 乳胶漆的选购

建材选购要点

要点	说明
气味	○ 水性乳胶漆环保，且无毒无味，如果闻到刺激性气味或工业香精味，就应慎重选择
漆膜	○ 放一段时间后，正品乳胶漆的表面会形成一层厚厚的、有弹性的氧化膜，不易裂；而次品只会形成一层很薄的膜，易碎，且具有辛辣气味
手感	○ 将乳胶漆拌匀，再用木棍挑起来，优质乳胶漆往下流时会成扇面形；用手指摸，正品乳胶漆应该手感光滑、细腻
质检报告	○ 应特别注意生产日期、保质期和环保检测报告，乳胶漆保质期为 1 ~ 5 年不等，环保检测检测报告对 VOC、游离甲醛以及重金属含量的检测结果都有标准，国家标准 VOC 每升不能超过 200 g，游离甲醛每千克不能超过 0.1 g
黏稠度	○ 将油漆桶提起来，质量佳的乳胶漆，晃动起来一般听不到声音，很容易晃动出声音则证明乳胶漆黏度不足

3. 乳胶漆运用实例

（1）给家点“颜色”，拒绝一片惨白

很多人选择墙漆的时候，都是以白色为首选，往往会让家中一片惨白，实际上只需选择一款彩色乳胶漆，就可以让家里生动起来。如果不习惯全彩色，可以有主次地将彩色与白色结合起来，用在恰当的部位上，往往会获得赏心悦目的效果。但色彩

▲ 客厅墙面使用了蓝绿色的乳胶漆，搭配同色系沙发，清新、优雅

过于热烈的彩色墙漆不适宜大面积地在家居中使用，容易让人感觉过于刺激。

（2）色彩可从喜好和家居风格入手选择

乳胶漆的色彩可以经由电脑调和，是千变万化的。其色彩的选择，可以从居住者的喜好、年龄和家居风格综合性地选择。可以先将适合家居风格的色彩范围确定下来，而后再结合喜好确定最终色彩，例如北欧风格，其代表色就有黑、白、灰、果绿、雾霾蓝等。

▲ 北欧风格卧室，选择蓝色系乳胶漆做装饰，简洁、清新且具有风格代表性

（3）根据使用空间选择乳胶漆的功能

市面上的乳胶漆种类繁多，在选择时很容易迷茫，因而，可以根据不同的空间来选择相应的乳胶漆。如卫生间、地下室宜选用耐真菌性能好的，厨房、浴室选择耐脏、耐擦洗性能好的。

▲ 人们在卧室内的时间比较长，建议使用环保的水溶性乳胶漆，更安全、健康

① 施工前期：施工前先清理基层，将墙面、顶面起皮及松动处清除干净，并用水泥砂浆补抹，再将残留灰渣铲干净，然后将墙面扫净

② 施工中期：首先需要用石膏修补墙面，然后满墙刮腻子 2 遍，找平，接着涂底漆 1 遍、面漆 2 遍。全部刷完后清除遮挡物，清扫飞溅的物料

③ 施工验收：检查用乳胶漆涂刷的墙体表面颗粒是否均匀，且保证没有明显的划痕

第二节 硅藻泥

1. 硅藻泥的种类及应用

硅藻泥是一种以硅藻土为主要原材料配制的干粉状室内装饰壁材，本身没有任何的污染。它不含任何重金属，不产生静电，因此浮尘不易吸附，而且具有消除甲醛、净化空气、调节湿度、释放负氧离子、防火阻燃、墙面自洁、杀菌除臭等功能，可以用来代替乳胶漆和壁纸等传统装饰壁材。

▲ 硅藻泥的粉状原料，原粉为白色，可加各种颜料调色

硅藻泥选用无机矿物颜料调色，色彩柔和，墙面反射光线自然，人在居室中不容易产生视觉疲劳，且颜色持久，不易褪色。硅藻泥的缺点是不耐脏，不能用水擦洗，硬度较低，且价格高。

常见的硅藻泥有原色泥、金粉泥、稻草泥、防水泥、膏状泥等种类。

硅藻泥的种类

名称		特点
原色泥		○ 颗粒最大，具有原始风貌 ○ 吸湿量较高，可达到 81g / m^2
金粉泥		○ 颗粒较大，其中添加了金粉，效果比较奢华 ○ 吸湿量较高，可达到 81g/ m^2
稻草泥		○ 颗粒较大，添加了稻草，具有较强的自然气息 ○ 吸湿量较高，可达到 81g/ m^2
防水泥		○ 中等颗粒，可搭配防水剂使用，能用于室外墙面装饰 ○ 吸湿量中等，约为 75g/ m^2
膏状泥		○ 颗粒较小，用于墙面装饰中不明显 ○ 吸湿量较低，约为 72g/ m^2

2. 硅藻泥的选购

建材选购要点

要点	说明
吸水性	◎ 购买时要求商家提供硅藻泥样板，现场进行吸水率测试，若吸水量又快又多，则产品孔质完好；若吸水率低，则表示孔隙堵塞，或是硅藻土含量偏低
色泽	◎ 真正的硅藻泥色泽柔和、分布均匀，呈亚光感，具有泥面效果；若呈油光面、色彩过于艳丽、有刺眼感则为假冒产品
手感	◎ 真正的硅藻泥摸起来手感细腻，有松木的感觉，而假冒硅藻泥摸起来粗糙坚硬，像水泥和砂岩一样
火烧测试	◎ 购买时请商家以样品点火示范，若有冒出气味呛鼻的白烟，则可能是以合成树脂作为硅藻土的固化剂，遇火灾发生时，容易产生有毒性气体
坚固度	◎ 用手轻触硅藻泥样品墙，如有粉末沾附，表示产品表面强度不够坚固，日后使用会有磨损情况产生

3. 硅藻泥运用实例

（1）不耐磕碰，所以使用位置需注意

硅藻泥属于天然材料，为了保证其调节湿气、净化空气的作用，表面不能涂刷保护漆，且硅藻泥本身比较轻，耐重力不足，容易磨损，所以没有办法用作地面装饰。由于没有保护层，所以硅藻泥不耐脏，用于人流较多的客厅时，建议不要低于踢脚线的位置，最好用于墙面的上部分及天花板上，这样在擦地的时候就不会弄脏。

▲ 硅藻泥在客厅等公共区中适合做背景墙材料，个性、环保，还可以避免磕碰

（2）根据使用面积选花型

硅藻泥的涂刷工法非常多样，选择具体花型时，可以结合使用面积的大小来决定。当大面积使用时，建议选择花纹不明显的施工手法，如类似乳胶漆的平面效果，会让人感觉更协调；当仅将其用在重点墙面做装饰时，就可以选择夸张一些的花型，以突出该墙的主体地位。

▶ 硅藻泥大面积使用时适合采用喷涂法，小面积装电视适合采用艺术工法

（3）非常适合用来营造古朴质感

硅藻泥本身具有粗糙、凹凸不平的质感，如果搭配互补的木质家具，可以塑造出具有历史韵味的古典空间。

▶ 客厅中使用硅藻泥墙面搭配砖石文化石做装饰，表现出了美式乡村风格的质朴感。

4. 硅藻泥的施工与验收

① 施工前期：施工墙面不得湿气过重；另外，若有壁纸最好先刮除，不建议涂在玻璃砖等光滑表面的底材上。根据所选施工方案，准备好施工工具。

② 施工中期：前期施工方式同乳胶漆，均为刮腻子找平墙面，涂刷封闭底漆。基层处理完成后，根据相应的施工方案，用不同的方式进行施工。

   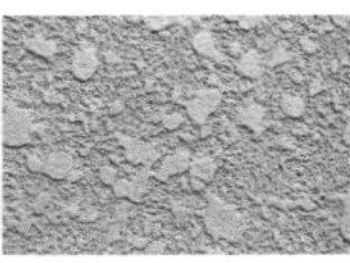  

▲ 硅藻泥不同的肌理效果

③ 施工验收：硅藻泥的涂刷厚度为 2 ~ 4mm，完工后检查墙面是否确实涂刷完成，尤其是墙面边角处。

第三节 艺术涂料

1. 艺术涂料的种类及应用

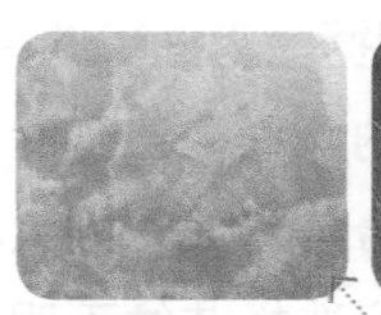
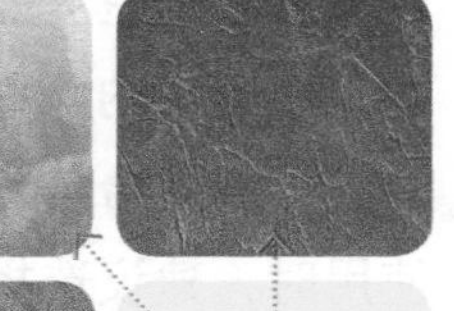

艺术涂料色彩多变，装饰效果极具艺术感

艺术涂料是一种新型的墙面装饰艺术材料，经过现代高科技的工艺处理，无毒、环保，同时还具备防水、防尘、阻燃等功能，优质艺术涂料可洗刷，耐摩擦，色彩历久常新。它与传统涂料之间最大的区别在于，传统涂料大都是单色乳胶漆，所营造出来的效果相对较单一，而艺术涂料即使只用一种涂料，由于其涂刷次数及加工工艺的不同，却可以达到不同的效果。艺术涂料对施工人员作业水平要求严格，需要较高的技术含量。

它不仅克服了乳胶漆的色彩单一，无层次感及壁纸易变色、易翘边、易起泡、有接缝、寿命短的缺点，同时具有乳胶漆易施工，寿命长的优点和壁纸图案精美、装饰效果好的特征，是集乳胶漆与壁纸的优点于一身的高科技产品。

常见的艺术涂料有威尼斯灰泥、板岩漆、砂岩漆、浮雕漆、幻影漆、马来漆、裂纹漆、云丝漆、砂岩漆、风洞石、肌理涂料等。

艺术涂料的种类

名称		特点
威尼斯灰泥		○ 由丙烯酸乳液、天然石灰岩、无机矿土，超细硬质矿粉等混合的浆状涂料，通过各类批刮工具在墙面上批刮操作，可产生各类纹理 ○ 手感细腻犹如玉石般的质地和纹理，花纹若隐若现，有三维感，表面平滑如石材，光亮如镜面 ○ 可以在表面加入金银批染工艺，渲染华丽的效果
板岩漆		○ 具有板岩石的质感，绿色环保、颜色持久、亮丽如新 ○ 通过艺术施工的手法，呈现各类自然岩石的装饰效果，具有天然石材的表现力 ○ 同时具有保温、降噪的特性
砂岩漆		○ 以天然骨材、大理石粉结合而成的特殊耐候性防水涂料，效果几乎可以乱真天然澳洲砂岩 ○ 可以配合建筑物不同的造型需求，在平面、圆柱、线板或雕刻板上，创造出各种砂壁状的质感 ○ 耐候性佳，密着性强，耐碱优，耐腐蚀、易清洗、防水
浮雕漆		○ 装饰后的墙面酷似浮雕般观感效果，所以称之为浮雕漆 ○ 具有独特立体的装饰效果，仿真浮雕效果 ○ 涂层坚硬，粘结性强、阻燃、隔音、防霉、艺术感强
幻影漆		○ 能使墙面变得如影如幻，可装饰出上千种不同色彩、不同风格的变幻图案效果 ○ 漆膜细腻平滑，质感如锦似缎，错落有致，高雅自然
马来漆		○ 漆面光洁，有石质效果，花纹讲究若隐若现，有三维感 ○ 无缝连接，不褪色，不起皮，施工简单、便于清理

续表

名称		特点
裂纹漆		◎ 裂纹变化多端，错落有致，具艺术立体美感
云丝漆		◎ 是通过专用喷枪和特别技法，使墙面产生点状、丝状和纹理图案的仿金属水性涂料 ◎ 质感华丽，丝缎效果，金属光泽，让单调的墙体布满了立体感和流动感，永不开裂，起泡
风洞石		◎ 汲取天然洞石的精髓，纹理神似天然石材，流动韵律感极强，层次清晰且富有韵味 ◎ 堪与真正的石材媲美，但没有石材的冰冷感与放射性，而且整体感特别强
肌理涂料		◎ 具有一定的肌理，花型自然、随意，适合不同场合的要求，满足大家追求个性化装修效果的需求 ◎ 异形施工更具优势，可配合设计做出特殊造型与花纹、花色

2. 艺术涂料的选购

建材选购要点

要点	说明
粒子度	◎ 取一透明的玻璃杯盛入半杯清水，取少艺术涂料放入玻璃杯的水中搅动，质量好的涂料，杯中的水仍清晰见底，粒子在清水中相对独立，大小很均匀；而质量差的涂料，杯中的水会立即变得混浊不清，且颗粒大小有分化
看水溶	◎ 艺术涂料在经过一段时间的储存后，上面会有一层保护胶水溶液，一般约占涂料总量的 1/4 左右。质量好的涂料，保护胶水溶液呈无色或微黄色，且较清晰；质量差的涂料，保护胶水溶液呈混浊态
漂浮物	◎ 凡质量好的多彩艺术涂料，在保护胶水溶液的表面，通常没有漂浮物的或有极少的漂浮物；若漂浮物数量多，彩粒布满保护胶水溶液的表面，甚至有一定厚度，就说明此种艺术涂料的质量差
价格	◎ 质量好的艺术涂料，均由正规生产厂家按配方生产，价格适中；而质量差的涂料，成本低，销售价格大多比质量好的涂料便宜得多

Tips 艺术涂料与壁纸的区别

（1）艺术涂料

施工工艺：涂刷在墙上，与腻子一样，完全与墙面融合在一起，效果更自然，使用寿命更长。

装饰效果：任意调配色彩，并且图案任意选择与设计，属于无缝连接，不起皮、不开裂，能保持十年不变色，光线下产生不同的光影效果，使墙面产生立体感，也易于清理。

装饰部位：内外墙通用，比壁纸运用范围更广。

个性化：可按照个人的思想自行设计表达。

难易程度：其工艺很难被掌握，因此流传度不高。

（2）壁纸

施工工艺：直接贴在墙上，是经加工后的产物。

装饰效果：只有固定色彩和图案选择，属有缝连接，会起皮、开裂，时间长会发黄、褪色，难以清理。

装饰部位：仅限内墙，只能运用到干燥的地方，类似厨房、卫浴、地下室等空间不能运用。

个性化：不能添加个人主观思想元素。

难易程度：施工比艺术涂料简单、快捷。

3. 艺术涂料运用实例

（1）艺术涂料的用途

艺术涂料可用于家居装饰设计中的主要景观处，例如门庭、玄关、电视背景墙、廊柱、吧台、吊顶等，可以装饰出个性且高雅的效果，其适中的价位又完全符合各阶层装饰装修的需求。除此之外宾馆、酒店、会所，俱乐部等场所的内墙装饰都可选用。

▲ 用艺术涂料装饰卧室墙面，具有浓郁的艺术感

（2）根据家居风格选择适合的款式

艺术涂料的种类比较多，每一种都有其独特的装饰效果。在选择具体的款式时，难免会觉得眼花缭乱。可以从整体家居风格出发来选择款式，更容易获得协调的装饰效果。例如美式乡村风格可以选择幻影漆、肌理涂料、马来漆、风洞石等；现代风格可以选择威尼斯灰泥、浮雕漆、云丝漆等。在选择时，还应注意艺术涂料的色彩与整体的协调性。

▲ 乡村风格的卧室选择肌理涂料装饰背景墙，表现出了风格质朴的内涵

4. 艺术涂料的施工与验收

① 施工前期：准备好施工工具，有艺术漆专用批刀（现在流行的专用批刀是来自台湾的高碳高硬度批刀）、抛光不锈钢刀、350号至500号砂纸、废旧报纸、美纹纸等

② 施工中期：施工分为三道工序，根据艺术涂料的造型用批刀制作出来，然后再依次地上艺术涂料，最后抛光处理

  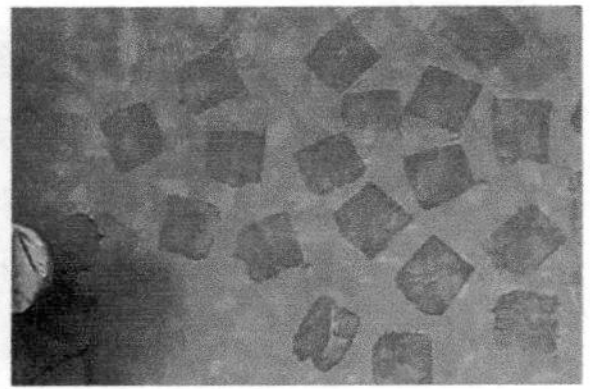

③ 施工验收：艺术涂料施工后的纹理应自然、清晰

第四节〉其他涂料材料

1. 其他涂料材料的种类及应用

除了装饰涂料外，还有一些具有特殊作用的涂料，包括有防水防火涂料、地面涂料、防锈漆、防霉涂料以及仿瓷涂料等。

其他涂料的种类

名称		特点
防水涂料		○ 是由合成高分子聚合物、高分子聚合物与沥青、高分子聚合物与水泥为主要成膜物质，加入各种辅料加工制成的涂料 ○ 主要用于地下室、卫生间、浴室和厨房等需要进行防水处理的基层表面

续表

名称		特点
防火涂料		◎ 是指涂在物体表面用于增强材料防火性能的涂料 ◎ 当遭受到火灾温度骤然升高时，防火涂料能迅速膨胀，增加涂层厚度，或防火涂层受热散发出阻燃性气体，形成无氧不燃烧层，起到防火、吸热、耐热、隔热的作用
地面涂料		◎ 是采用耐磨树脂和耐磨颜料制成的用于地面涂刷的涂料类型 ◎ 其耐磨性和抗污性特别地突出，而且施工简单方便，广泛地被用于公共空间的地面装饰中，包括停车场、车库、仓库、厂房等
防锈漆		◎ 金属涂刷防锈漆后可以使金属表面钝化、阻止其与其他物质发生化学或电化学反应，从而起到防锈作用 ◎ 分为油性防锈漆和树脂防锈漆两种
防霉涂料		◎ 一般是由两种以上的防霉剂加上颜料、填料、助剂等材料制成的 ◎ 能够对各种霉菌、细菌起到灭杀或抑制生长的作用，同时还具有耐水性和耐擦洗的优点
仿瓷涂料		◎ 又称瓷釉涂料，是一种装饰效果类似瓷釉饰面的涂料，可在水泥面、金属面、塑料面、木料等固体表面进行涂刷或喷涂，适合厨房、卫浴等空间 ◎ 效果细腻、光洁、淡雅，价格较低，但工艺较复杂

2. 其他涂料材料的选购

建材选购要点

要点	说明
品牌	◎ 最好选择知名品牌的产品，大多数的涂料都或多或少含有一定的有毒物质，正规厂家的产品质量更好保证一些 ◎ 可以从包装上辨别，厂名、厂址、商标应明晰，另外还应标明产品的净重且分量充足
外观	◎ 涂料外观应均匀一致，无明显的分层和沉淀现象，黏稠度高
味道	◎ 涂料开罐后，贴近罐口闻一下气味，质量好的涂料不会有很刺激的味道，施工后气味排放得也快

第五节 壁纸、壁布

1. 壁纸的种类及应用

壁纸也叫作墙纸，是一种用于裱糊墙面的室内装修建材，具有色彩多样、图案丰富、豪华气派、安全环保、施工方便、价格适宜等多种其他室内装饰材料所无法比拟的特点，它的多样化完全符合家庭装饰中“轻装修、重装饰”的原则，深受人们的喜爱，使用率逐渐与乳胶漆接近。

壁纸按照加工原料的不同可分为：PVC 壁纸、纯纸壁纸、天然材质壁纸、无纺布壁纸、金属壁纸、植绒壁纸、木纤维壁纸等。

壁纸的种类

名称		特点
PVC 壁纸		○ PVC 壁纸也叫胶面壁纸，面层为 PVC 薄膜，表面有肌理感包括有印花壁纸、压花壁纸、发泡壁纸、特种壁纸、塑料壁纸等，花色多样 ○ 有一定的防水性，施工方便，结实耐磨，表面污染后，可用干净的海绵或毛巾擦拭
纯纸壁纸		○ 是一种全部使用纯天然纸浆纤维制作的壁纸 ○ 装饰效果亚光、自然、手感光滑、触感舒适，对颜色的表达更加饱满 ○ 能够紧贴墙面，耐磨损、抗污染、耐擦洗、透气性好、吸水吸潮，且具有防裂痕的功能
天然材质壁纸		○ 使用草、木、竹、藤、芦苇等天然材料制成的壁纸 ○ 健康环保，效果古朴自然，给人返璞归真的感受 ○ 但颜色、图案较少，还会存在一定的色差
无纺布壁纸		○ 采用天然植物纤维无纺工艺制成的壁纸 ○ 拉力强、环保、不发霉发黄，透气性好，不易变形 ○ 使用寿命长，无毒无味，对皮肤无刺激 ○ 可通过印花技术制作出各种图案和颜色
金属壁纸		○ 在基层上涂布金属膜制成 ○ 以金色、银色为主要色系，具有金属质感 ○ 用于室内能够营造出一种奢华、金碧辉煌的感觉
植绒壁纸		○ 是用静电植绒法将合成纤维短绒黏结在纸基上而成 ○ 有丝绒的质感和手感，不反光，具吸音性，无异味，不易褪色 ○ 但易吸附灰尘，不好打理
木纤维壁纸		○ 主要原料都是木浆聚酯合成的纸浆，不会对人体造成危害 ○ 环保性、透气性都是最好的，使用寿命也最长，耐擦洗，为亚光效果易于搭配，堪称壁纸中的极品

2. 壁布的种类及应用

壁布又称墙布，它的特点与壁纸类似，不同的是壁纸多为纸基，而壁布则多是以棉布为底布制作的。另一点较为显著的区别是，壁布所用纹样多为几何图形和花卉图案。它使用限制较多，不适合潮湿的空间，保养起来没有壁纸方便，但装饰效果更自然。

部分壁布的制作材料与壁纸是有所重叠的，例如 PVC、天然材质、无纺布、植绒等，性能与同材料壁纸类似，下面就不再介绍。除此之外，壁布的种类还有玻璃纤维壁布、纯棉壁布、化纤壁布、锦缎壁布、刺绣壁布、亚克力壁布、丝质壁布等。

壁布的种类

名称		特点
玻璃纤维壁布		◎ 以中碱玻璃纤维布为基材，表面涂以耐磨树脂，印上彩色图案而成花色品种多，色彩鲜艳，但易断裂老化 ◎ 不易褪色、防火性能好，耐潮性强，可擦洗
纯棉壁布		◎ 以纯棉布经过处理、印花、涂层制作而成 ◎ 表面容易起毛，且不能擦洗 ◎ 不适用于潮气较大的环境，容易起鼓 ◎ 强度大、静电小、蠕变形小，透气、吸声
化纤壁布		◎ 以化纤布为基布，经树脂整理后印制花纹图案，新颖美观，色彩调和 ◎ 无毒无味，透气性好，不易褪色 ◎ 不易多擦洗，适合布置在卧室等灰尘少的地方
锦缎壁布		◎ 以锦缎制成的壁布，花纹艳丽多彩、质感光滑细腻 ◎ 静电小，透气、吸声 ◎ 价格昂贵，与纯棉壁布一样不耐潮湿，不耐擦洗
刺绣壁布		◎ 刺绣壁布是在无纺布底层上，用刺绣的方式将图案呈现出来的一种壁布 ◎ 具有艺术感，非常精美，装饰效果好
亚克力壁布		◎ 以亚克力纱纤维为原料制作的壁布，质感如地毯般柔和 ◎ 厚度较薄，以单一素色居多，适合大面积使用
丝质壁布		◎ 丝质纤维作成的壁布质料细致、美观，透气性好 ◎ 具有独特的光泽，呈现出高贵感 ◎ 不耐潮湿，潮湿易发霉，含丝质料较多者价格较高

3. 壁纸、壁布的选购

建材选购要点

要点	说明
外观	◎ 看表面是否存在色差、褶皱和气泡，图案是否清晰、色彩是否均匀，厚薄是否一致，是否存在跳丝、抽丝等现象
擦洗性	◎ 可以索要一块样品，用湿布用力擦拭，看壁纸、壁布有无掉色的现象
批号	◎ 注意查看编号与批号是否一致，有的壁纸、壁布尽管是同一批号，但由于生产日期的不同，颜色也可能存在细微的差异，大面积铺贴后会特别明显，所以选购时应尽量保持编号和批号的一致
环保性	◎ 在选购时可以简单地用鼻子闻一下，如果刺激性气味较重，证明含挥发性物质较多；还可以将小块壁纸、壁布浸泡在水中，一段时间后，闻一下是否有刺激性气味挥发

4. 壁纸、壁布运用实例

（1）可选择风格代表图案

壁纸、壁布图案的选择是非常重要的，它影响着材料铺贴后的美观性。壁纸、壁布的图案有成千上万种，难免让人眼花缭乱，若从家居风格入手选择，会更轻松一些，选择每种风格的代表性图案，无论是用在背景墙上还是整体铺贴，都会让家居装饰主题更突出。

▲ 新中式风格的卧室内使用丝绸壁纸，不仅符合风格底蕴，也能够彰显品位

（2）根据壁面面积选择合适的花型

壁纸、壁布与壁漆的最大区别就是它的图案种类非常繁多，常见的花纹有大花、小花、碎花、条纹等多种，不同的图案对居室的效果是存在不同的影响的，例如大花能够让墙面看起来比实际小一些，反之，花纹越小越能够从视觉上扩大壁面的面积，而条纹壁纸则具有延伸作用，可拉伸视觉高度或宽度。在选择壁纸、壁布时，如果房间的布局有缺陷，就可以利用花型来做调整。

▲ 使用竖条纹壁纸能够拉伸房间视觉上的房高，使整体比例更舒适

（3）无缝壁布粘贴效果更佳

一般的壁布如壁纸一般是有宽度限制的，粘贴时就会存在缝隙，而翘起、开裂等问题也会从缝隙开始

▲ 无缝壁纸，粘贴后整体性更强、更美观

发生，现在市面上出现了无缝壁布，它是根据室内墙面的高度设计的，一般幅宽在2.7m~3.10m，一般宽度的壁面只需要一块就可以粘贴，无需对花、对缝，更美观。但若房间宽度超出 3.1m，就不适合选择无缝壁布，幅面大反而不好对缝。

5. 壁纸、壁布的施工与验收

① 施工前期：壁纸、壁布的施工应在木工、油漆、电气、抹灰等之后进行，否则会影响裱贴质量或损坏。施工基面必须平整、干净，壁纸、壁布应颜色一致，无脱层及污物

② 施工中期：粘贴壁纸、壁布之前，应现在壁面刷一层基膜；裁切壁纸、壁布时需特别注意花纹的拼接；刷胶时要保证均匀度，可手刷，也可用机器滚胶；贴好壁纸后，要关闭门窗，24 内不要开窗，让壁纸、壁布慢慢阴干

③ 施工验收：壁纸、壁布粘贴应牢固、平整，无气泡、无粘贴不均匀等情况，对花整齐，面层整洁、干净

第六节 油漆

1. 木器漆的种类及应用

木器漆是指用于木制品上的一类树脂漆，可使木质材质表面更加光滑，避免木质材质直接被硬物刮伤或产生划痕；还可以对家具形成一层保护膜，有效防止水分渗入木材内部造成腐烂，有效防止阳光直晒木质家具造成干裂。

常见的木器漆包括清漆、硝基漆、聚酯漆、聚氨酯漆、水性木器漆和天然木器漆等。

木器漆的种类

名称		特点
清漆		◎一种透明的漆，通常和木饰面板搭配在一起使用 ◎分为油基清漆和树脂清漆两类 ◎漆膜光亮，透明度高，耐水性好，成膜快，但光泽不持久，干燥性差 ◎适宜于木家具、门窗、板壁的涂刷和金属表面的罩光
硝基漆		◎俗称蜡克，通常是清漆形态 ◎包括高光、亚光、半亚光三种类型 ◎漆膜具有良好的光泽和耐久性，干燥快，耐热强，施工方便，对施工环境要求低 ◎但它易老化，耐久性不佳，高湿天气易泛白 ◎适用于木材和金属表面
聚酯漆		◎漆膜丰满，层厚面硬，色彩丰富，漆膜厚度大，对基层材料要求不高，但对施工环境和施工工艺要求很高，是目前应用较广泛的一种漆 ◎高档家具常用的“钢琴漆”就是不饱和聚酯漆 ◎聚酯漆的一大缺点是漆面会变黄，且不仅家具会变黄，相邻的墙面也会变黄
聚氨酯漆		◎漆膜强韧，光泽丰满，附着力强，耐水、耐磨、耐腐蚀。被广泛用于高级木器家具，也可用于金属表面 ◎其缺点主要有遇潮起泡，漆膜粉化等问题，与聚酯漆一样，它同样存在着变黄的问题
水性木器漆		◎以水为溶剂，无任何有害挥发，是目前最安全、最环保的家具漆，目前在国内的市场占有率还很低 ◎附着力好，不会加深木器的颜色 ◎但耐磨及抗化学性较差，无法制作高光度质感，硬度一般，成膜性能较差
天然木器漆		◎附着力强、硬度大、光泽度高，且具有突出的耐久、耐磨、耐水、耐油、耐溶剂、耐高温、耐土壤与化学药品腐蚀及绝缘等优异性能

2. 木器漆的选购

建材选购要点

要点	说明
质保	◎要注意是否是正规生产厂家的产品，并要具备质量保证书，看清生产的批号和日期，确认产品合格方可购买 ◎溶剂型木器漆国家已有3C强制认证规定，因此在市场购买时需关注产品包装上是否有3C标志

续表

要点	说明
包装	○ 包装制作粗糙，字迹模糊，厂址、批号不全的多为劣质品
声音	○ 将油漆桶提起来摇晃一下，如果有很明显的响声，说明包装重量不足或黏稠度过低，质量好的漆晃动基本没有声响
漆面	○ 看油漆样板的漆面质量，优质的油漆附着力和遮盖力都很强

3. 调和漆的特点及应用

调和漆是一种色漆，其外观类似于陶瓷或者搪瓷，是在清漆的基础上加入无机颜料制成的，色彩丰富，附着力强。根据使用要求，可在瓷漆中加入不同剂量的消光剂，制得半光或无光瓷漆。

调和漆具有漆膜光亮、平整、细腻、坚硬的特点。它的质地较软，耐腐蚀，耐晒，长久不裂，遮盖力强，耐久性好，施工方便，是室内装修的主要漆种之一，适用于涂饰木料和金属等表面。

调和漆分为油性调和漆和磁性调和漆两种类型。

调和漆的种类

名称		特点
油性调和漆		○ 用干性油、颜料等制成的调合漆叫做油性调和漆，漆料为纯油
磁性调和漆		○ 用树脂、干性油和颜料等制成的调和漆叫做磁性调和漆 ○ 以天然树脂或松香酯作为成膜物质 ○ 如果加入的树脂与干性油的比例在 1 ∶ 3 以上，则叫做磁漆 ○ 适于室内使用，漆膜较硬，光亮平滑，但耐候性较油性调和漆差 ○ 易老化，耐久性不佳，高湿天气易泛白 ○ 适用于木材和金属表面

4. 调和漆的选购

建材选购要点

要点	说明
包装	○ 看包装上是否有厂名、厂址、注册商标，是否有出厂合格证和质量监督部门的检测报告，各种文件是否齐全
质量	○ 打开油漆桶，看表面是否有杂质，本身是否浑浊 ○ 搅动一下看是否有块状物

续表

要点	说明
气味	◎靠近漆桶，闻一闻是否有刺鼻的气味，是否感觉刺眼
样板	◎看漆的样板，是否有变色、发黄的现象

5. 木器漆运用实例

（1）按照性能选择适合的种类

不同的木器漆，其性能有差异，有的坚硬耐磨，有的抗冲击等，在选择种类时，可以根据实际需求来选购合适的木器漆，比如选购用于地板的木器漆，就需要漆的硬度和耐磨性能比较好的，木器漆常用的性能指标有耐水性、耐磨性、抗冲击度、耐黄变性等。

▲ 天然木器漆涂刷的木饰面，表现出现代中式风格的大气感

（2）油性和水性结合更环保

水性木器漆从环保角度来说污染物少，但是比起油性木器漆来说，硬度和装饰效果要差一些，对于木工多的家庭来说，可以在面层使用油性木器漆，提高耐磨度及美观性，内部使用水性漆，污染物会更少一些。需要注意的是，防水不好的木器漆一定不能用在潮湿区域内。

▲ 经常使用的柜子等家具，面层使用油性漆，内部使用水性漆，美观、耐用又可以减少污染

（3）想要效果好，保养很关键

涂刷后七天内是木器漆的养护期，养护期内养护得好装饰效果才会好，各项性能才能达到相对稳定。其中，最重要的是要保持室内空气的流动性和温度的适中性，这样可以保证木器家具表面的漆膜达到正常的硬度。漆膜怕高温烘烤以及化学试剂，应远离这些伤害，才能历久弥新。

▲ 涂刷木器漆后，要注意养护期内的养护

6. 其他油漆的种类及应用

除了木器漆和调和漆外，还有一些其他常用的油漆，各有其不同的特点和作用。包括有 UV 光油、地板漆、手扫漆和原漆等。

其他常用油漆的种类

名称		特点
UV 光油		○ UV 光油是一种透明的涂料，也有人称之为 UV 清漆 ○ 喷涂或滚涂在基材表面之后，经过 UV 灯的照射，会由液态转化为固态，进而起到表面硬化、耐刮耐划的作用 ○ 具有优异的附着力，高光泽度、高爽滑度、高流平性，成膜细腻，手感好，固化速度快
地板漆		○ 地板漆是用于建筑物室内地面涂层饰面的地面涂料 ○ 造价低、维修更新方便且整体性好 ○ 抗冲击、高荷载、耐磨损；整体无缝、易清洁；防潮、防尘；耐一般化学腐蚀；可做防滑或亚光效果 ○ 但它易老化，耐久性不佳，高湿天气易泛白 ○ 适用于木材和金属表面
手扫漆		○ 严格来说是属于硝基漆的一种，由硝化棉、各种合成树脂、颜料和有机溶剂调制而成的一种非透明漆，专为人工施工而调制 ○ 具有流平性好、干燥快、硬度高、光泽好、附着力好、涂膜鲜艳等特点
原漆		○ 原漆，又名铅油，亦称白厚漆，由白铅粉和亚麻仁油调合研磨制成 ○ 涂膜柔软，与面漆的黏结性好，遮盖力强，是最低级的油性漆料 ○ 广泛用于面层的打底，也可单独作为饰面漆使用

7. 油漆的施工与验收

① 施工前期：油漆前，将施做面的不平处用腻子补平，而后用砂纸打磨，要打磨光滑基础面，要求家具打磨到砂纸 200 号以上、地板打磨到 120 号以上

② 施工中期：头一遍底漆后，木材吸水后会有木刺竖起，使施工面变得很毛糙，需要用 240 ~ 320 号的砂纸进行打磨，将其重新打磨光滑，而后再涂刷面漆

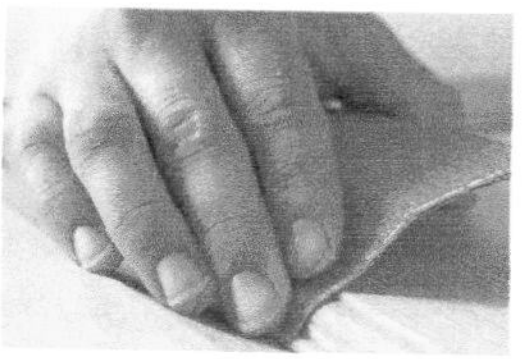

③ 施工验收：查看漆面颜色是否均匀，是否存在色彩深浅不一致的情况，要求漆面无刷纹

第七节 油工常见问题解析

1. 乳胶漆是完全环保的么?

乳胶漆基本上是无毒的，它的有机物含量很低，只有游离分子单体有不同程度的毒性，但合格的乳胶漆中其含量均在 0.1% 以下，且这些游离有毒物质挥发得很快，基本上完工后一周就挥发干净，不会对人体造成危害。但最重要的是要买合格的产品，否则有害物就会超标。

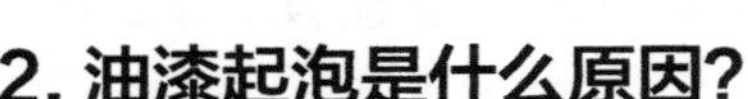

2. 油漆起泡是什么原因?

漆膜干燥过程中，滞留于漆膜的气泡强行突破漆膜逸出时会留下泡孔，未破面使漆膜隆起的称之起泡。常见原因如下。

① 环境原因：施工环境温度过高，或相对湿度过高。

② 底材原因：底材表面木眼深，填充困难，施工时产生气泡；底材表面有油分、灰尘、汗水等；木材含水率过高。

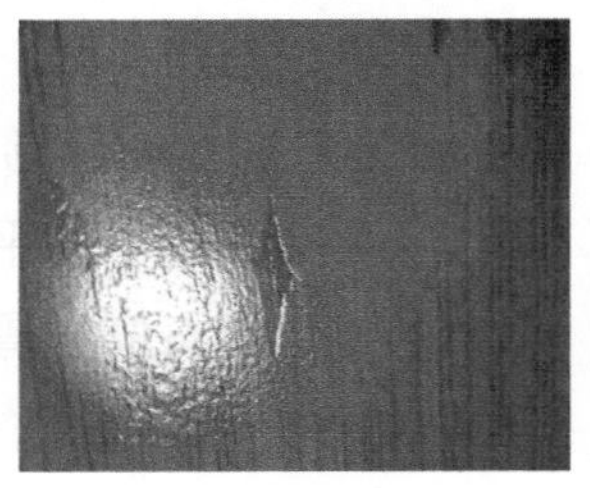

③ 施工原因：使用过高黏度的涂料；刷涂用力过大；一次性涂太厚；

④ 产品原因：添加过量的固化剂，或错用固化剂；稀释剂选用不合理，挥发太快。

3. 乳胶漆可以不用底漆么?

不建议不刷底漆，而直接刷面漆。底漆具有提高面漆的附着力、增加面漆的丰满度、提供抗碱性、提供防腐性等功能等，同时可以保证面漆的均匀吸收，使油漆系统发挥最佳效果。虽然看似多买了一种建材，但整体看却可以使装修成本下降，同时还节约资源。

4. 壁纸中有凸起或气泡怎么办?

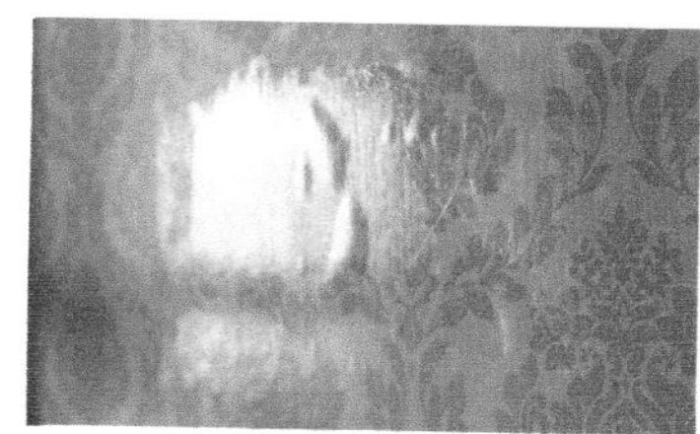

壁纸有凸起或者气泡通常是因为是裱糊过程中操作不当引起的，擀压胶水的时候用力太小，多余的胶液没有被赶出去或者有空气未被赶出；胶液涂刷不均匀或者基层不平整都可能会出现这种现象。为了避免这种现象，施工前，基层一定要处理干净且保证平整度；施工中胶液要涂抹均匀，擀压力道要适中，操作中要细致。

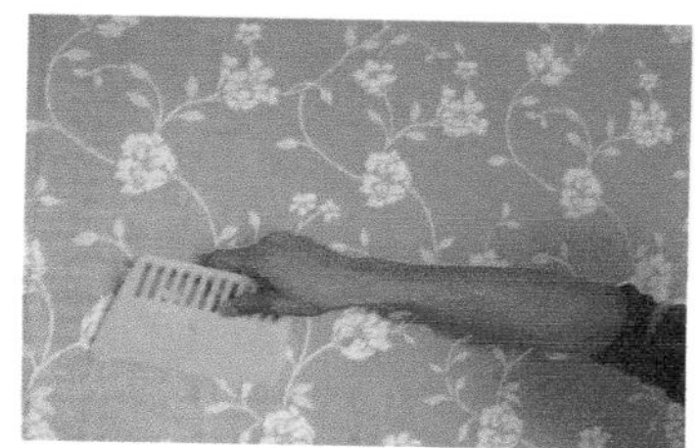

对于已经出现的凸起或气泡，可以用针将表面扎一个小孔，将空气释放出来，然后用针筒抽取一些胶液注入扎破的孔中，用刮板刮平，晾干即可。

5. 木器漆能和乳胶漆一起施工么?

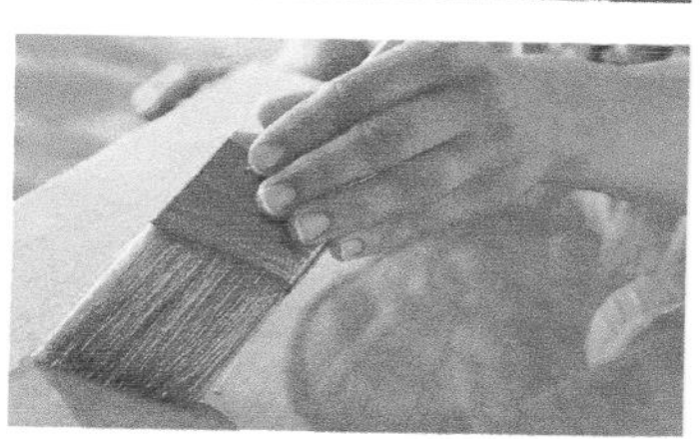

木器漆不能和乳胶漆一同施工，因为木器漆中含有甲苯二异氰酸酯（TDI），如果木器漆与乳胶漆同时施工，这些处于游离状态的TDI会与乳胶漆中的成分发生化学反应，使涂刷乳胶漆的墙面变黄。建议先刷木器漆再刷乳胶漆，防止木器漆中的成分污染墙面。

6. 壁纸可以和乳胶漆叠加使用么?

在壁纸的基础上再刷一层乳胶漆是可以实现的，混搭能够带来多层次的装饰效果。但底层需要使用PVC壁纸。在施工时，先将墙面粘贴上带有纹路的价格较低的PVC壁纸，再在壁纸上涂刷乳胶漆，完工后的效果看起来既像乳胶漆又像壁纸，非常独特。

7. 木器漆施工前还需要过滤么?

在木器漆调配好后施工前是需要进行过滤的，如果没有过滤这一步，空气中的灰尘混入木器漆后会结成小颗粒，直接涂刷，就会造成漆膜表面出现颗粒，表面不够光滑平整。正确做法是调配好后需要利用过滤网斗过滤掉颗粒杂质，然后最好在静止十多分钟后进行施工。

第六章
软装材料

第一节 窗帘布艺

1. 窗帘布艺的种类及应用

窗帘在空间中的面积较大，选对了窗帘，空间的装饰效果会更加突出。通常情况下，窗帘是空间内的衬托性软装，来烘托空间内的家具主题、装饰品主题等。

窗帘按照开合方式可分为：平开帘、卷帘、百叶帘、垂直帘、罗马帘等。

窗帘布艺开合方式的种类

名称		特点
平开帘		○ 平开帘即沿着轨道或杆子做平行移动的窗帘 ○ 包括欧式豪华型、罗马杆型、简约型和实惠型四种类型，适合不同的家居风格，前两种比较华丽，后两种比较简约一些
卷帘		○ 卷帘指随着卷管的卷动而作上下移动的窗帘 ○ 材质一般为压成各种纹路、印成各种图案的无纺布，并且亮而不透 ○ 表面挺括，样式简洁，使用方便，非常便于清洗
百叶帘		○ 百叶帘指可以作 180° 调节并作上下翻转的硬质窗帘 ○ 遮光效果好、透气性强，可以直接水洗，易清洁 ○ 材质有木质、金属、化纤布或成型的无纺布等
垂直帘		○ 垂直帘与百叶帘类似，不过叶片是垂直悬挂在吊轨上的，可以左右自由旋转达到遮阳的目的 ○ 根据材料的不同可以分为 PVC 垂直帘、普通面料垂直帘和铝合金垂直帘
罗马帘		○ 罗马帘是指在绳索的牵引下作上下移动的窗帘，装饰效果华丽、漂亮 ○ 它的款式有普通拉绳式、横杆式、扇形、波浪形几种

窗帘按照材质可分为：棉麻布材质、塑料百叶材质、绒布材质、木织材质、丝绸材质、涤纶材质等。

窗帘材质的种类

名称		特点
棉麻布材质		○手感柔软，视觉效果柔和舒适 ○透气性好，并且有良好的吸湿效果 ○缺乏弹性，清洗后容易留下皱纹
塑料百叶材质		○有较强的遮光效果 ○透气性强，不怕油烟以及水渍 ○遮挡蚊蝇的效果比较差
绒布材质		○健康环保，新颖时尚 ○绒布材质清洗方便，且不易留下皱纹 ○手感舒适，垂感好
木织材质		○分为木织、竹织、苇织、藤织几种 ○自然气息浓郁，有返璞归真的设计效果 ○基本不透光，但透气性良好
丝绸材质		○质感柔软顺滑，印花工艺出色 ○效果高贵奢华，售价较高 ○质地轻柔，色彩绮丽，有绸、缎、绫、绢等十几类品种
涤纶材质		○防水、防油 ○阳光长久直射不会变色 ○有较高的性价比，且可选样式多
纱帘		○能够增添柔和、温馨、浪漫的氛围，而且最具有采光柔和、透气通风的特性，可调节人们的心情，给人一种若隐若现的朦胧感 ○窗纱的面料材质有涤纶、仿真丝、麻或混纺织物等，可根据不同的需要任意搭配

2. 窗帘布艺的选购

建材选购要点

要点	说明
设计风格	◎ 窗帘风格多样，有现代风格、简约风格、欧式风格、简欧风格、北欧风格、中式风格、法式风格、美式乡村风格和田园风格等，选择时首先应考虑风格的协调性
功能需求	◎ 不同材料的窗帘具有不同的特点，可以根据所用空间的特点结合窗帘的功能性来选择，如卧室和客厅可选平开式的布帘，书房适合百叶帘等
窗帘轨道	◎ 窗帘轨道是窗帘的重要组成部分，关系着窗帘的使用是否便利 ◎ 市面上的窗帘轨道材料比较多样，可以看材质的厚度来辨别质量。除此之外，还应选择滑动起来声音小的，避免噪声

3. 窗帘布艺运用实例

（1）窗帘的设计要与其他布艺织物呼应

窗帘在客厅或者卧室的设计中，应结合沙发的布艺、床品的布艺，形成呼应式设计。在空间内其他布艺织物的设计样式丰富时，窗帘适合搭配相对简洁的样式；当空间内的布艺织物样式单调时，窗帘适合搭配相对丰富的样式。将空间的整体设计综合在一个舒适的点上，既富有设计感，又不会显得杂乱。

▲ 白色为底色带有黑色圆形图案的窗帘，与室内多处颜色呼应，整体而毫不突兀

（2）根据房间面积选花色

房间大可选择较大花型，会使空间感觉有所缩小。房间小选择较小花型，会使空间感觉有所扩大。新婚房间的窗帘色彩宜鲜艳、浓烈、以增加热闹、欢乐的气氛；老年人居室窗帘宜用素静、平和的色调，以呈现安静、和睦的氛围。窗帘色彩的选择可根据季节变换，夏天色宜淡，冬天色宜深，以便改变人们心理上的“热”与“冷”的感觉。

▲ 卧室面积较宽敞，选择条纹窗帘，可增添些许活泼感

▶ 卧室面积较小，选择素色为主的窗帘，不易使层次混乱

（3）窗帘的配色不适合太突出

窗帘在空间中占有很大的面积。若窗帘的配色突出，会使空间显得躁动不安，没有主次。实际设计中，窗帘的配色应呼应家具造型与色调，起到衬托的作用。通常情况下，窗帘的色调要突出于墙面的颜色，比家具的颜色略浅最为合适。

▲ 方格纹窗帘，与条纹床单在色彩上穿插呼应，提升了卧室设计的整体性

4. 窗帘布艺的保养

① 每周吸尘一次，尤其注意去除面料的积尘。

② 如果沾有污渍，可用干净的毛巾蘸水擦拭。从污渍的外圈向内擦拭，避免留下痕迹。

③ 清洗窗帘之前请仔细阅洗涤标识说明。窗帘不需要经常洗涤，但时间一长，灰尘容易让色彩灰暗，建议半年到一年左右清洗一次。禁止漂白或使用含漂白成分的洗涤剂清洗。

④ 特殊材质的窗帘，建议到专业的干洗店清洗，避免窗帘变形。

⑤ 晾晒时宜反面向外，避免日光直射暴晒。

▲ 窗帘的色彩与床品和地面均有呼应，使布艺设计具有很强的整体感

第二节 装饰地毯

1. 装饰地毯的种类及应用

地毯不是空间内的必备品，但却有良好的实用性与精美的装饰美感。它可以起到抗湿、吸音、降噪的作用，使居室更加安静、舒适。同时地毯本身还有各种各样的花纹，具有非常好的装饰性。

地毯通常设计在客厅的沙发下面以及卧室的床尾下面。根据设计风格的不同，地毯有多种样式可供选择。

地毯按照制作材料分类常见的有羊毛地毯、混纺地毯、锦纶地毯、涤纶地毯、丙纶地毯、纯棉地毯、剑麻地毯、橡胶植绒地毯、超细纤维地毯等。

地毯的种类

名称		特点
羊毛地毯		○ 羊毛地毯采用羊毛为主要原料，毛质细密，具有天然的弹性，受压后能很快恢复原状 ○ 采用天然纤维，不带静电，不易吸尘土，还具有天然的阻燃性 ○ 图案精美，不易老化褪色，吸音、保暖、脚感舒适
混纺地毯		○ 混纺地毯中掺有合成纤维，价格较低 ○ 与羊毛地毯差别不大，但克服了羊毛地毯不耐虫蛀的缺点，同时具有更高的耐磨性 ○ 吸音、保湿、弹性好、脚感好
锦纶地毯		○ 化纤地毯的一种 ○ 有良好的耐磨性，清洗方便 ○ 但容易变形，摩擦易产生静电
涤纶地毯		○ 化纤地毯的一种 ○ 耐热，防晒效果好 ○ 不易变形，质量好
丙纶地毯		○ 化纤地毯的一种 ○ 质量轻、弹性好、强度高 ○ 耐磨性好，不易变形 ○ 造价低廉，性价比高
纯棉地毯		○ 吸水力佳，材质可塑性佳 ○ 可做不同立体设计变化，清洁十分方便 ○ 可搭配止滑垫使用
剑麻地毯		○ 剑麻地毯以剑麻纤维为原料制成，分素色和染色两种 ○ 属于地毯中的绿色产品，可用清水直接冲刷，污渍很容易清除 ○ 价格比羊毛地毯低，并具有抗压、耐磨、耐酸碱、无静电等优点，缺点是弹性较差
橡胶植绒地毯		○ 坚韧、耐用、美观，使用寿命长 ○ 具有防滑功能，亦可有效帮助刮除鞋底泥沙 ○ 防晒效果好
超细纤维地毯		○ 吸水性好，触感较纯棉地毯更加柔软，纤维密度极小，保养清洁更便利

2. 地毯的选购

建材选购要点

要点	说明
材质辨别	○ 简单的鉴别方法一般采取燃烧法和手感、观察相结合的方法，棉的燃烧速度快，灰末细而软，其气味似燃烧纸张，纤维细而无弹性，无光泽；羊毛燃烧速度慢，有烟有泡，灰多且呈脆块状，其气味似燃烧头发；化纤及混纺地毯燃烧后熔融成胶体并可拉成丝状
绒头密度	○ 观察地毯的绒头密度，可用手去触摸地毯，产品的绒头质量高，毯面的密度就丰满，这样的地毯弹性好、耐踩踏、耐磨损、舒适耐用 ○ 但不要采取挑选长毛绒的方法来挑选地毯，表面上看起来绒绒乎乎很好看，但绒头密度稀松，绒头易倒伏变形
色牢度	○ 色彩多样的地毯，质地柔软，美观大方。选择地毯时，可用手或布在毯面上反复摩擦数次，看手或布上是否沾有颜色，如果沾有颜色，则说明该产品的色牢度不佳，易出现变色和掉色，从而影响地毯在铺设使用中的美观效果
背衬剥离强力	○ 簇绒地毯的背面用胶乳粘有一层网格底布，在挑选该类地毯时，可用手将底布轻轻撕一撕，看看粘接力的程度，如果粘接力不高，底布与毯体就容易分离，这样的地毯不耐用
外观质量	○ 查看地毯的毯面是否平整，毯边是否平直，有无瑕疵、油污斑点、色差，尤其选购簇绒地毯时要查看毯背是否有脱衬、渗胶等现象，避免地毯在铺设使用中出现起鼓、不平等现象，失去舒适、美观的效果

3. 地毯运用实例

（1）家居地毯的选择

选择家居地毯，主要是对它的色彩、图案、质地的挑选。地毯的色彩和图案，宜结合家具的色彩以及整体家居风格来选择，使整体效果和谐、舒适。质地可以从实用性以及使用功能上出发，例如卧室等人少的空间，追求舒适感和温暖感，可以使用羊毛材质，夏季可以使用草编地毯，人流多的客、餐厅可使用混纺地毯。

▲ 大花图案的羊毛地毯，使客厅中的地中海风情更强烈

（2）地毯的色调要突出于地面瓷砖或地板

地毯色调突出于地面的瓷砖或地板有两种方式。一种是地毯的色调偏深，地面的颜色偏浅，

使地毯成为空间内的视觉主体；一种是地毯的色调偏浅，地面的颜色偏深，这样也可以使地毯的区域突出出来。总之，通过色彩深浅的变化设计出来的地毯，可使空间的设计更加丰富，也更具视觉纵深感。

▲ 浅色地毯与深色地砖组合，使客厅的设计更加丰富

（3）花纹突出的地毯色彩宜与周围软装呼应

地毯的形状对居室整体的影响是细微的，反而是花色有很突出的影响。尤其是有些人喜欢色彩或花纹很突出的地毯，例如多彩色条纹、抽象大花等，这种类型的地毯在选择时，建议与周围的家具或其他软装的色彩有部分呼应，否则很容易显得凌乱，或者抢夺主体部分的注意力，使主次关系变得混乱。

▲ 黑白花纹的皮毛地毯非常个性，但其色彩呼应墙面，并不会让层次显得混乱

4. 地毯的保养

① 尘埃藏积在地毯内，会对纤维造成磨损，并且使地毯的颜色变得灰暗，走动频繁的地方，每周应吸尘 2~3，卧室也应至少每周吸尘一次。

② 一旦产生污渍，越及时进行处理越好，否则污渍很容易渗透至地毯的纤维组织，会难以去掉。

③ 除了定时吸尘外，也可以在铺设了一段时间后对地毯进行干洗，一般每隔两年清洗一次，以确保地毯的历久常新。

▲ 书房中的地毯花纹突出，但与家具色彩相呼应，并不显得突兀

第三节 工艺品

1. 工艺品的种类及应用

工艺摆件品种繁多，既有可以独当一面的大件物品，也有可以组合使用的小件，材质也非常丰富。工艺品可以提升家居中的艺术感，它不仅可以烘托环境气氛，还可以强化室内风格，彰显居住者的审美和品位，逐渐成为了软装饰中不可缺少的元素，使生活环境更富有魅力。

工艺品按照材质分类常见的有：玻璃工艺品、实木工艺品、水晶工艺品、金属工艺品、陶瓷工艺品、玉石工艺品、编织工艺品、树脂工艺品和石材工艺品等。

工艺品的种类

名称		特点
玻璃工艺品		○ 用手工将玻璃原料或玻璃半成品加工而成的产品，具有创造性和艺术性 ○ 分为熔融玻璃工艺品、灯工玻璃工艺品、琉璃工艺品三类造型和色彩可选择性较多
实木工艺品		○ 主材为木质坚韧、纹理细密、色泽光亮的各种硬木 ○ 种类多样，包括各种人物、动物甚至是中国文房用具等 ○ 优质的木雕工艺品具有收藏价值，但对环境的湿度要求较高，不适合干燥地区
水晶工艺品		○ 指以水晶为材料制作的装饰品，具有晶莹通透、高贵雅致的观赏感 ○ 不同的水晶还具有不同的作用，具有较高的欣赏价值和收藏价值 ○ 具有代表性的是各种水晶球、动物摆件以及植物形的摆件等
金属工艺品		○ 以各种金属材料制成的工艺品，包括不锈钢、铁艺、铜、锡等 ○ 比较结实，质地坚硬，耐氧化，无污染，对人体无害 ○ 做工精致，美观大方，造型款式多样
陶瓷工艺品		○ 以陶瓷为原料制成的工艺品 ○ 大多制作精美，即使是近现代的陶瓷工艺品也具有极高的艺术价值 ○ 款式繁多，主要以人物、动物或瓶件为主
玉石工艺品		○ 以玉石为原料，通过各种雕刻手法制成的工艺品，以佛像、动物和山水为主 ○ 多带有中国特有的美好含义或寓意 ○ 大部分都带有木质底座
编织工艺品		○ 以自然材料为原料，通过编织加工而成的工艺品，包括草编、柳条编、玉米皮编、竹编等 ○ 具有乡土特色，非常淳朴 ○ 颜色较少，多数为中性色，比较好搭配 ○ 经济实用、美观大方

续表

名称		特点
树脂工艺品		○ 指用低熔点的玻璃制成的工艺品，又称料器 ○ 不同角度光线的照射及色彩的反射，能够呈现出千变万化的立体视觉效果 ○ 具有纯净而时尚的美感
仿石材工艺品		○ 以树脂为主要原料，通过模具浇注成型，制成各种造型美观的工艺品 ○ 无论是人物还是山水都可以做成 ○ 还能制成各种仿真效果，包括仿金属、仿水晶、仿玛瑙等

2. 工艺品的选购

选购要点

要点	说明
外观	○ 无论何种工艺品，外观均应无明显的缺色、破损、划伤、掉漆、掉皮、裂纹等现象
图案	○ 带有图案的款式，图案的印刷应清晰，线条应流畅，色彩交界分明，无混色现象
色牢度	○ 彩色的款式，在挑选时可以用湿布或者湿巾用力地擦拭表面，若有掉色情况不建议购买
做工	○ 有雕刻等深度加工手法的工艺品，应仔细观察做工是否精致，有无毛刺、雕刻线不清晰等现象
味道	○ 对于一些人造材质的工艺品，可以近距离嗅闻一下，是否有刺鼻或不正常的味道

3. 工艺品运用实例

（1）结合风格选择适合的类型

选择合适的工艺品需要有一个标准，建议以家居风格为标准，现代风格适合选择玻璃工艺品，可以显示出现代感的气息；深色系的中式风格，建议选择色彩丰富的陶瓷工艺品，可显得高贵典雅；欧式风格的装修，适合选择欧洲风格的工艺品，如华丽的钟表、庄重的珐琅

▲ 地中海风格的家居中，明显的位置选择了鹿造型的工艺品，具有浓郁的自然气息

盘子等；小清新的风格，可选择瓷器类的工艺品，可以带来清新的气息。

（2）工艺摆件的摆放位置很重要

工艺摆件想要达到良好的装饰效果，摆放方式是很重要的。一些较大型的反映设计主题的工艺品，应放在较为突出的视觉中心的位置，以起到鲜明的装饰效果。在一些不引人注意的地方，也可放些工艺摆件，来丰富居室表情，如书架上除了书之外，陈列一些小的装饰品，在书桌、案头也可摆放一些小艺术品，增加生活气息，但切忌过多。

▲ 中式风格家居中，搭配实木雕刻的工艺品，渲染出浓郁的文化底蕴

（3）除了位置还应注意比例

在确定了摆放位置后，还应注意尺度和比例的把握，不要随意地填充和堆砌，布置有序的工艺摆件才会有一种节奏感，因此要注意大小、高低、疏密、色彩的搭配。例如，色彩鲜艳的宜放在深色家具上；方形组合柜中，可放个圆形画盘，打破矩形格子的单调感，成组摆放的工艺摆件可以采取高低结合的方式，以制造层次感。

▲ 壁炉两侧摆放一些小型工艺品，高度错落有致，色彩与家具进行了呼应，既有层次感又不会显得凌乱

▲ 卧室属于小面积空间，预留摆放工艺品的位置也较窄小，搭配小型工艺品更协调

4. 工艺品的保养

① 木质工艺品。木制工艺品一般使用年代较长，最好每隔三个月用少许蜡擦一次，不仅更美观，而且保护木质。

② 金属类工艺品。放置金属类工艺

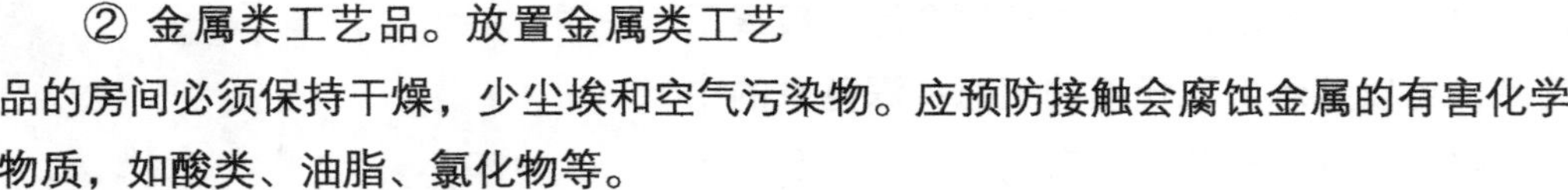

品的房间必须保持干燥，少尘埃和空气污染物。应预防接触会腐蚀金属的有害化学物质，如酸类、油脂、氯化物等。

③ 石材类工艺品。不宜用带水的毛巾擦拭，可用含蜡质的或含油脂的纯棉毛巾擦拭。经常用干棉布或鸡毛掸子将石雕工艺品上的灰尘掸去。

第四节 装饰画

1. 装饰画的种类及应用

装饰画不单单是一种装饰品，还是一种艺术，能够给人带来视觉上的美感和心灵的愉悦。它是家居装饰的点睛之笔，品种多样，可摆放、也可悬挂，即使是白色的墙面，搭配几幅装饰画也可以变得生动起来。

装饰画的种类繁多，总体来说传统的装饰画均为平面样式的，但现在市面上出现了一种 3D 立体画，实现了装饰画从二维到三维的突破。

▲ 各式立体画

装饰画按照制作材料的不同可分为：摄影画、丙烯画、油画、水彩画、水墨画、镶嵌画、铜版画、编织画、玻璃画、木质画、金箔画等。

装饰画的种类

名称		特点
摄影画		○ 画面包括“具象”和“抽象”两种类型 ○ 根据画面的色彩和主题的内容，搭配不同风格的画框，可以用在多种风格之中
丙烯画		○ 用丙烯颜料制成的画作 ○ 色彩鲜艳、色泽鲜明、干燥后为柔韧薄膜 ○ 坚固耐磨，耐水，抗腐蚀，抗自然老化，不褪色，不变质脱落 ○ 画面不反光，具有非常高级的质感 ○ 是所有绘画中颜色最饱满、浓重的一种

续表

名称	特点
油画	○ 具有极强的表现力和丰富的色彩变化 ○ 充满鲜明、厚重的层次对比，以及变化无穷的笔触和坚实的耐久性 ○ 题材一般为风景、人物和静物，是装饰画中最具有贵族气息的一种
水彩画	○ 用水调和颜料作画的一种绘画方法，简称水彩，与油画一样，都属于西式绘画方法 ○ 用水彩方式绘制的装饰画，具有通透、清新的感觉
水墨画	○ 以水、墨和国画色为原料作画的绘画方法，是中国传统式绘画，也称国画 ○ 讲求意境的塑造，分为黑白和彩色两种 ○ 色彩微妙，意境丰富
镶嵌画	○ 指用各种材料通过拼贴、镶嵌、彩绘等工艺制作成的装饰画 ○ 包括贝壳、石子、铁、陶片、珐琅等 ○ 不同的装饰风格可以选择不同工艺的装饰画做搭配
铜版画	○ 指在铜版上用腐蚀液腐蚀或直接用针或刀刻制而成的一种版画， ○ 属于凹版，也称“蚀刻版画” ○ 制作工艺非常复杂，所以每一件成品都非常独特，具有艺术价值
编织画	○ 采用棉线、丝线、毛线、细麻线等原料编织而成 ○ 图案色彩明亮，题材多为少数民族风情 、自然风光等 ○ 有较为浓郁的少数民族色彩，风格比较独特
玻璃画	○ 在玻璃上用油彩、水粉、国画颜料等绘制的图画 ○ 利用玻璃的透明性，在着彩的另一面观赏，用镜框镶嵌，具有很强的装饰性 ○ 题材多为风景、花鸟和吉祥如意图案等，也有人物，色彩鲜明强烈

续表

名称		特点
木质画		○ 以木材为原料，经过一定的程序胶粘而成 ○ 有碎木片拼贴而成的写意山水画，层次和色彩感强烈；也有木头雕刻作品，如人物、动物、脸谱等； ○ 还有在木头上烙出的画作
金箔画		○ 以金箔、银箔、铜箔为基材，以不变形、不开裂的整板为底板，经过塑形、雕刻、漆艺加工而成 ○ 具有陈列、珍藏、展示的作用和华丽的装饰效果

2. 装饰画的选购

建材选购要点

要点	说明
外观	○ 无论何种工艺品，外观均应无明显的缺色、破损、划伤、掉漆、掉皮、裂纹等现象
图案	○ 带有图案的款式，图案的印刷应清晰，线条应流畅，色彩交界分明，无混色现象
色牢度	○ 彩色的款式，在挑选时可以用湿布或者湿巾用力地擦拭表面，若有掉色情况不建议购买
做工	○ 有雕刻等深度加工手法的工艺品，应仔细观察做工是否精致，有无毛刺、雕刻线不清晰等现象
味道	○ 对于一些人造材质的工艺品，可以近距离嗅闻一下，是否有刺鼻或不正常的味道

3. 装饰画运用实例

（1）同一空间内的装饰画风格宜统一

应该说这是家居空间中布置装饰画的一个基本原则，至少同一个空间内装饰画的风格应尽量统一，包括装饰画的种类，如同为素描、同为油画、同为摄影作品等；还应包括装饰画的颜色、画框风格、材质等，这些方面统一起来，所表现出来的风格就能和谐一致。

▲ 美式风格的客厅中，选择具有典型美式特征的装饰画，更协调一致

（2）选择适合的尺寸更美观

装饰画的尺寸宜根据房间的特征和主体家具的尺寸选择。例如，客厅的画高度以 50 ～ 80cm 为佳，长度不宜小于主体家具的 2/3，比较小的空间，可以选择高度 25cm 左右的装饰画，如果空间高度在 3m 以上，最好选择大幅的画，以突显效果。一般来说，狭长的墙面适合挂放狭长、多幅组合或者小幅的画，方形的墙面适合挂放横幅、方形或是小幅的画。

▲ 沙发背景墙中心造型为方形，搭配方形装饰画比例更舒适

（3）色彩的选择很重要

装饰画适用于家居空间中任何位置的墙面上，包括卫浴间和厨房，但需要注意的是，在选择时，宜根据空间的不同使用功能来选择合适的颜色。一般温馨的室内，如卧室，在配装饰画时多以暖色调为主，不宜选择色彩过重或过于艳丽的装饰画；客厅可根据整体风格选择，素雅或活泼均可；餐厅内宜选择鲜亮、活泼的类型来促进食欲；而书房则适合选择可以让人冷静、平和的装饰画。

▲ 选择两幅长条形装饰画装饰宽度较窄的墙面，具有调整比例的作用

4. 装饰画的保养

① 应避免阳光直射。日光中的紫外线以及热度会对纸张以及色彩造成伤害，尤其是油画。因此，悬挂装饰画时应尽量避开阳光直射的区域，人工光源也应避免。若需要对着光源，可以加层玻璃作部分阻隔。

▲ 客厅整体较素雅，选择黑白色为主的装饰画，符合整体气质

② 装饰画大部分为纸制品，具有纸的特点，除了惧怕日晒外，还应该避免潮湿，避免淋上水渍。如果是把装饰画保存起来，要记得防潮，不要接触墙面和接近窗户。

③ 应远离刺激性物质，避免杀虫剂等刺激物质碰触到装饰画，以免材质被损坏。

▲ 装饰画为餐厅增添了活泼的感觉，避免了整体氛围显得过于素净

第五节 绿植花艺

1. 绿植花艺的种类及应用

绿色植物有非常多的作用，例如美化环境、净化空气、增加湿度、吸尘等，在家居空间中，摆放一些或大或小的绿色植物，不仅有利于居住者的身体健康，其勃

勃的生机感更能够美化环境，带给人喜悦的心情。而相对而言，花艺更多的是起到美化空间的作用，各种造型和色彩的花艺，能够使人心情愉悦，还能体现居住者的审美，增添生活情趣。

根据绿植的造型，可以分为多肉类、蕨类、虎尾兰类、藤本类、叶类、垂吊类、花果类等。

花艺种类繁多，但总体来说可以分为东方花艺和西方花艺两个大的类型。

绿植的种类

名称		特点
多肉类		○样式可爱、小巧，品种多样 ○喜欢充足的阳光，比较容易养殖 ○可以进行组盆及微景观造型
蕨类		○适合阴暗潮湿的环境，不宜阳光直射 ○除了单独栽种外，还非常适合做盆景，具有药用价值
虎尾兰类		○品种较多，有可落地摆放的品种，也有小盆栽 ○株形和叶色变化较大 ○对环境的适应能力强，观赏时间长
藤本类		○可以攀爬，形成一面“绿墙” ○大多数品种在室内养殖时，可以保持四季常青 ○若做小盆栽，非常方便造型
叶类		○包括有阔叶、长叶、圆叶、细叶等多种类型 ○是家居中使用较多的一种绿植类型 ○可做小盆栽，也可做大盆栽 ○装饰效果大气而美观
垂吊类		○枝叶长到一定的长度后，开始下垂 ○很适合放在高处，下垂后具有瀑布般的效果 ○占用空间很小，小盆也能放下
花类		○此类绿色植物均带有可供观赏的花朵，色彩丰富，品种多样 ○能够丰富居室内的色彩层次，活跃氛围 ○不同款式具有不同的装饰效果
果类		○果实形状或色泽具有较高观赏价值，果实各异，色彩多样 ○可以丰富室内装饰层次，有些带有吉祥的寓意，适合节庆使用

花艺的种类

名称		特点
东方花艺		○ 包括日式花艺和中式花艺两类 ○ 花枝少，着重表现自然姿态美，讲求禅意的塑造，多采用浅、淡色彩，一般只用 2 ~ 3 种花色 ○ 造型多运用青枝、绿叶来勾线、衬托，形式上追求线条、构图的变化 ○ 以简洁清新为主，讲求浑然天成的视觉效果
西方花艺		○ 注重花材外形，追求块面和群体的艺术魅力 ○ 色彩艳丽浓厚，具有热烈的装饰效果，花材种类多，用量大 ○ 追求繁盛的视觉效果，布置形式多为几何形式，效果雍容华贵、端庄大方

2. 绿植的选购

建议根据房间的朝向选择合适的绿植。朝南居室：适合摆放君子兰、百子莲、金莲花、栀子花、茶花、牵牛、天竺葵、杜鹃花、月季、郁金香、水仙、风信子、冬珊瑚等。朝东、朝西居室：适合仙客来、文竹、天门冬、秋海棠、吊兰、花叶芋、金边六雪、蟹爪兰、仙人棒类等。朝北居室：适合棕竹、常春藤、龟背竹、豆瓣绿、广东万年青、蕨类等。

3. 绿植花艺运用实例

（1）家居中不适合摆放过多绿植

在居室内摆放植物时， 数量不宜过多、过乱。通常来说，室内绿化面积最多不得超过居室面积的 10%，否则会使人觉得压抑，且植物的高度不宜超过 2.3 m。另外，在摆放多个植物时，最好可以形成高低起伏的层次感，如果全是大型植物未免拥挤，若都是小型植物又显得单调，结合使用更容易取得具有节奏感的整体效果。

▲ 采用大小植物搭配使用的手法，从而达到了一种错落有致的视觉效果

（2）根据家居风格选择适合的花艺更协调

家居中使用的花艺风格如果能够与家居风格对应，更容易获得协调的装饰效果。例如中式风格搭配东方花艺风格最协调，但是一些其他风格居室中，例如东南亚风

格家居，使用东方花艺同样具有协调感。除此之外因为造型简单，东方花艺同样还适用于极简风格中。而西方花艺不仅适用于欧式风格、美式风格等西方风格家居，同时现代风格等也均可使用。

（3）花艺的颜色宜耐看且展现居者审美及情趣

家居花艺的色彩不仅是自然的写实，更是对自然景色的提炼升华。花材的色彩搭配要耐看，远看时进入视线的是插花的总体色调，总体色调不突出，画面效果就弱，作品容易出现杂乱感，而且缺乏特色；近看插花时，要求色彩所表现出的内容个性突出，主次分明。除此之外，还需能够展现出居住者的审美及情趣。

▲ 在沙发旁摆放一盆大棵绿植，再点缀几盆小盆栽，主次分明，又不会显得拥挤

▲ 欧式风格的餐厅中，用欧式花艺装点餐桌，更具协调感

4. 绿植花艺的保养

（1）绿植

① 根据习性照射阳光，植物的习性是不同的，有的喜阳、有的喜阴，喜阳的植物需要充足的光照，而喜阴的植物不能直射阳光过长时间，需要根据它们的习性来提供光照。

② 大多数绿植在浇水的时候浇透即可，不需要太多，否则就很容易烂根或长病害。

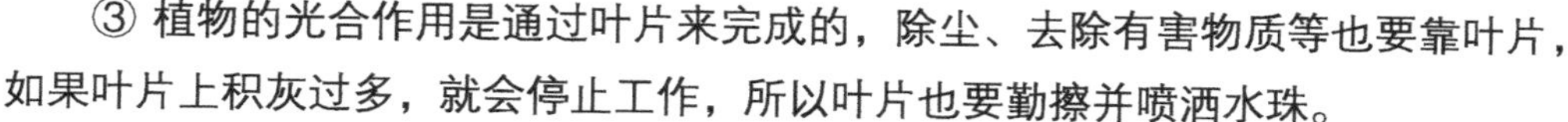

③ 植物的光合作用是通过叶片来完成的，除尘、去除有害物质等也要靠叶片，如果叶片上积灰过多，就会停止工作，所以叶片也要勤擦并喷洒水珠。

（2）花艺

① 及时换水。鲜花想要延长开放时间，水分是主要的养料，需要勤换干净的水才能延长花期，应两三天换一次花瓶里的水，并使花朵之间保持一定的空间。

② 鲜花除了及时换水外，还可以为花朵添加一些养分，将花瓶中倒上稍微温一点的水，再加入一些花朵营养素，可以使花朵保持更长活力。

③ 花朵喜爱待在清凉的环境里，但也不能受冻。不要将它们放在电视或其他电器的上面，以免过热导致花朵枯萎。

第六节 软装材料常见问题解析

1. 窗帘用双轨好还是单轨好?

双轨窗帘外层是用来悬挂纱帘的，白天阳光强烈时，可以将纱帘拉开，避免阳光过强的同时不影响室内采光，同时还可保证私密性。单轨窗帘则只能悬挂一层窗帘，没有悬挂纱帘的位置，缺少灵活性。所以从实用性角度来讲，更建议安装双轨道式的窗帘。

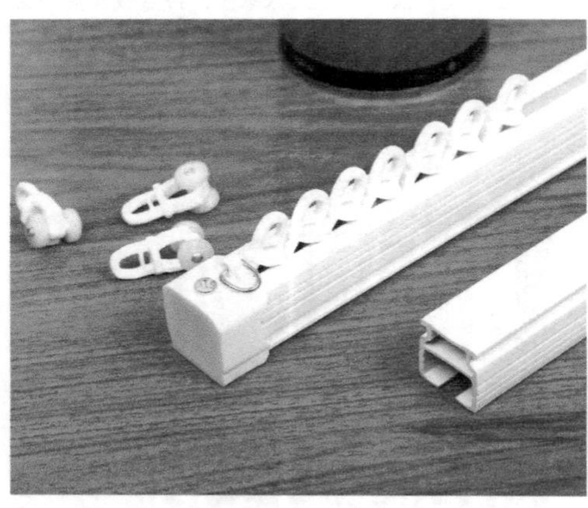

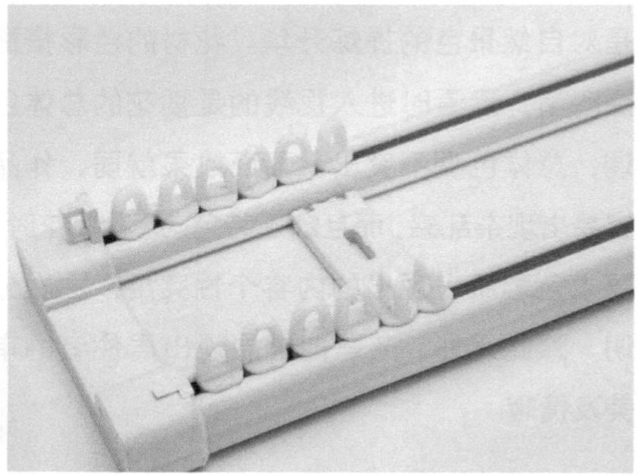

2. 地毯表面为什么有一层浮毛?

地毯在使用时，经常会发现表面有一层薄薄的浮毛，或者毛长短不一，就会被认为是掉毛。实际上，并不是掉毛，短毛羊毛地毯比较常出现这种现象，只要用手将毛向一个方向捋顺即可，并不是因为质量问题。

3. 有不适合摆放在室内的绿植么?

绿植花艺的种类繁多，但需注意的是，并不是所有的植物都适合摆放在室内的。例如兰花，它的香味会令人过度兴奋，容易引起失眠，不适合放在卧室；紫荆花的花粉与人接触过久后，会诱发哮喘和咳嗽；月季花的香味会使部分人感到不适，憋闷；百合花的香味会引起人的中枢神经兴奋，易导致失眠；夹竹桃能够分泌一种乳白色液体，接触时间长容易使人智力下降；郁金香的花朵含有一种毒碱，接触过多会使毛发脱落。